江西省研究生优质课程系列教材

土壤地理学

卢志红　郑诗樟　主编

U0306432

中国农业科学技术出版社

图书在版编目（CIP）数据

土壤地理学／卢志红，郑诗樟主编．--北京：中国农业科学技术
出版社，2023.12

ISBN 978-7-5116-6624-6

Ⅰ.①土⋯　Ⅱ.①卢⋯②郑⋯　Ⅲ.①土壤地理学–高等学校–教材
Ⅳ.①S159

中国国家版本馆 CIP 数据核字（2024）第 006440 号

责任编辑　王伟红　朱　绯
责任校对　马广洋
责任印制　姜义伟　王思文

出 版 者　中国农业科学技术出版社
　　　　　北京市中关村南大街 12 号　　邮编：100081
电　　话　（010）82105169（编辑室）　　（010）82106624（发行部）
　　　　　（010）82109709（读者服务部）
网　　址　https：//castp.caas.cn
经 销 者　各地新华书店
印 刷 者　北京建宏印刷有限公司
开　　本　170 mm×240 mm　1/16
印　　张　15
字　　数　246 千字
版　　次　2023 年 12 月第 1 版　2023 年 12 月第 1 次印刷
定　　价　58.00 元

《土壤地理学》
编 委 会

主　编　卢志红　郑诗樟

副主编　梁　丰　姜冠杰　魏宗强

前　言

　　本书是为农业资源与环境专业硕士研究生必修课而编写的教材。编写本教材旨在通过案例教学使学生在有限的课时内，初步了解和掌握各种类型土壤的性状及其在开发利用中存在和出现的问题，并分析问题的成因及相应的解决办法。基于现实问题，设计试验方案，根据相应的试验结果进行讨论并得出结论，重在启发学生掌握试验的研究方法及对数据分析和结果的解判。此外，本书采用案例教学方式以培养学生对土壤地理学的兴趣，并从中领悟从事土壤改良培肥的前辈们坚守初心、为之奋斗的精神。

　　本书的编写和出版得到了江西省一流专业建设经费资助，编写组成员分工协作，进行大量文献资料搜集、调研和编撰工作。其中，卢志红负责总体框架设计和绪论、第一章、第二章、第三章、第七章、第十二章的撰写和总体审稿，梁丰负责第四章、第八章、第十五章的撰写，姜冠杰负责第五章、第九章、第十一章、第十四章的撰写，魏宗强负责第六章、第十章、第十三章的撰写，郑诗樟负责第十六章、第十七章、第十八章、第十九章的撰写。

　　本教材中案例引用了部分文献和资料图片，谨在此向相关机构和作者致谢！由于编者水平有限，书中难免有疏漏之处，敬请读者批评指正。

编　者

2023 年 8 月

目　　录

第一篇　基础知识篇

第二篇　理论案例篇

第三篇　专题案例篇

第一篇

基础知识篇

第一章　绪　论

一、土壤地理学

土壤地理学是研究土壤分布地理规律的学科，即研究土壤与地理环境之间相互关系的科学。

土壤地理学研究土壤发生、发展、分异和分布规律，必然要依据某一个土壤分类系统，阐述不同土壤类型的形成条件、分布区域、形成过程、土壤的剖面形态特征和理化性质，在充分掌握土壤个体性质的基础上，为调控、改造和利用土壤资源提供科学依据。可见，土壤发生学与分类学是土壤地理学的基础。

二、土壤发生学

土壤发生学是研究土壤形成因素–土壤发生过程–土壤类型及其性质三者之间关系的学说。土壤发生学中土壤形成因素和土壤剖面形态特征及理化性质，都是客观实体，而土壤发生过程是看不见摸不到的。通过应用物理学、化学、生物学、生物化学等学科的基本原理，将土壤形成因素与土壤的形态与性质联系起来，推测各种土壤的发生过程。土壤的形态与性质是土壤发生过程的结果，也是反映土壤形成因素的印记。

三、土壤分类学

土壤分类学是专门研究土壤分类的分支学科，土壤分类学就是选取一定的分类标准，构建分类单元与分类等级的逻辑关系，形成树枝状的分类系统，以便人们在不同的概括水平上认识土壤，区分各种土壤以及它们之间的关系。具体讲，土壤分类学是研究和描述土壤及土壤之间的差别，探讨这种差别的因果关系，并运用所掌握的资料去建立某个土壤分类系统的科学。土壤分类是认识土壤和土壤调查制图的基础，土壤分类反映了土壤科学发展水平，是进行耕地地力评价，合理开发利用土壤资源，推广农业技术的依据，也是国内外土壤学术交流的媒介。

我国有关土壤分类的内容最早出现在《禹贡》和《管子·地员篇》等著作中，但非系统分类，而是注重实用性分类。近代土壤分类学是 20 世纪 30 年代开始至今，大致经历了早期马伯特分类、土壤发生分类、土壤系统分类 3 个阶段。

我国在 20 世纪 30 年代引进了当时美国的马伯特分类，建立了 2 000 多个土系，并出版了介绍中国土壤概貌的专著《中国土壤地理》。1954 年，我国开始引进苏联地理发生分类，第一次正式采用以地理发生为基础、以成土因素为依据，建立了包括土类、亚类、土属、土种、变种的 5 级土壤分类制，后经过两次全国土壤普查，在掌握大量土壤立地条件和土壤属性数据资料的基础上，经专家、学者反复研讨，最后确立了《中国土壤分类系统》，这一分类属于地理发生分类，代表当时全国土壤普查的科学水平。尽管因地理发生分类缺乏明显的分类界限，导致不同人对不同地区的土壤有不同认识，出现了同土异名和同名异土的现象，但地理发生分类指导了许多大规模的区域土壤考察如全国第二次土壤普查，积累了大量宝贵的资料数据，使我们对中国土壤有了更全面和更深刻的认识。目前地理发生分类在我国仍占有重要地位。20 世纪 80 年代初，先后有 73 所大学和科研机构，120 多位土壤学家参与研究中国土壤系统分类，历经 30 多年，取得了极为丰富的第一手资料，实现了我国土壤分类从定性向定量的转变，与国际接轨。但土壤分类还将继续随着土壤科学的发展不断完善。

四、土壤地理学的研究对象和内容

土壤地理学作为土壤学和地理学的交叉学科，主要通过土壤调查、剖面形态观察和室内检测分析，研究土壤各个发生层的物质组成和各土层之间的物质迁移与能量转换；了解各地理环境因素对土壤的物质与能量交换、输入与输出过程的影响规律，研究土壤发生发育的方向及其空间分异规律；

对掌握的第一手资料归纳分析进行土壤分类，利用现代技术手段合理开发、持续利用土壤资源、保护土壤环境。土壤地理学研究内容主要包括以下几个方面。

（一）　土壤发生发育及其形态特性研究

土壤形态是认识土壤发生发育的关键，而土壤剖面调查又是研究土壤形态特征的基础。土壤形态特征是划分土壤发生层的主要依据，也是野外观察描述的主要内容，包括剖面成土环境、土壤发生层划分及其颜色、质地、结构、新生体、侵入体等形态特征。再结合实验室测定分析的土壤理化性质、矿物性质、微形态特征等，将土壤成土因素与土壤形态和性质联系起来，推断和演绎土壤曾发生的各种成土过程。有助于人们认识、理解土壤在不同的成土环境下经过不同的成土过程，形成具有一定特性的土壤类型。据此科学划分土壤类型，有利于土壤调查、土壤制图、土壤资源评价等工作的顺利开展。

（二）　土壤分类与分布规律研究

土壤分类研究是指在深入分析土壤发生发育规律和属性的基础上，通过比较它们之间的相似与相异性，对土壤进行科学的区分和归类，建立一个有序的、逻辑严密、多等级、谱系式分类系统的过程。所建立的分类系统能够正确地反映土壤的本质属性，反映土壤之间以及土壤与环境之间的内在关系，在一定程度上厘清了土壤之间在属性和空间上的距离关系及土壤的空间分布规律，是土壤调查制图、因地制宜地进行农林牧业生产布局、资源评价及农业精准化管理的基础和依据。中国土壤系统分类的建立，标志着土壤分类从定性（马伯特分类、发生分类）向定量（系统分类）的跨越。但土壤分类体系伴随土壤知识的更新、土壤信息技术的发展还将不断更新、发展。

（三）　土壤资源调查与数字土壤制图

土壤调查是指对一定地区的土壤类型的发生、发育程度、演变规律、地理上的分布状况及规律和区域性特征特性、理化性状与生产性能等进行实地勘查、描述、分类和制图的全过程。它是认识和研究土壤、掌握土壤地理发生学理论、科学进行土壤系统分类研究的基础和手段。

土壤调查与制图的目的是获取土壤属性特征和时空演变的过程信息，

并以地图这种可视化的方式表达土壤的空间分布规律，能够为土壤资源的利用提供空间数据支持。传统的野外记录调查、实验室分析、野外校核、手工制图全过程周期长、成本高、过程复杂，难以进行大范围、高覆盖度的重复调查。而卫星与航空遥感、近地传感在内的星地遥感技术的蓬勃发展为土壤调查提供了新机遇，能获取精细准确土壤信息，从而推动了数字土壤制图，即以土壤与景观定量模型为基础、以栅格数据作为表达方式在计算环境下机器辅助成图。这些新技术的应用加快了土壤资源调查、制图的速度和精度，从而为查清土壤资源的数量和质量，为研究土壤发生分类、合理规划、利用、改良、保护和管理土壤资源提供科学依据和技术保障。

（四）土壤资源评价

土壤资源是指具有农、林、牧业生产性能的土壤类型的总称，是人类赖以生存的最基本、最重要的自然资源。土壤资源具有可更新性、可培育性以及地域分异性。不同土壤类型生产力高低不同，除了与其自然属性有关外，很大程度上取决于人为活动。近 20 年来，一方面社会经济的快速发展，导致优质土壤资源被大量占用；另一方面缺乏合理的布局和严格监管，农业生产过程中高强度的化肥、农药施用及污水灌溉等，导致我国优质耕地急剧减少、水土流失、土壤酸化、土壤污染等问题日趋严峻，导致土壤质量退化——土壤生产能力或环境调控潜力暂时性或永久性的下降，甚至完全丧失。针对土壤退化采取了众多治理措施，力使土壤恢复其正常功能，如物理、化学、生物等修复措施，结合一定的评价方法和评价因子对区域土壤资源质量现状进行评价，为进一步合理利用与保护土壤资源提供理论依据。

五、土壤地理学研究方法

（一）土壤调查与制图研究

土壤调查与制图是土壤地理学最为传统的研究方法，通过野外调查土壤的成土因素、生产利用现状，通过对土壤剖面形态的观察描述、取样分析，而后对数据归纳统计分析，据此分类、制图、编写调查报告。土壤调查与制图是获取土壤类型及其空间分布信息的主要手段，是土壤资源管理的基础。

（二）综合交叉研究

土壤地理学应用范围广泛，要使其在生产中发挥更大的作用，必须加强学科的交叉与渗透。如土壤发生分类向系统分类转化，这当中数学必须向土壤地理学渗透，使土壤地理学由定性进入定量阶段，并综合应用数理统计方法对土壤进行分类；研究土壤形成过程，建立数学模型，进行系统模拟；为加速土壤学研究向数字、定量及模式化方向发展必须应用土壤信息系统，尤其是今后发展中国的土壤资源信息系统必须多学科交叉研究。

（三）室内理化分析与模拟研究

土壤作为独立的历史自然体，需从土壤自身性质角度揭示土壤的发生发育规律。每类土壤都具有特定的物质组成和属性，在实验室内借助现代分析测试方法，对土壤的物质组成、理化性质、土壤生物区系、土壤微形态等进行定性和定量的测定分析，通过实验室模拟试验研究关键带中土壤演变的过程、速率、机理和驱动。

（四）新技术应用

土壤地理学的研究方法有了较大的发展。数字土壤形态计量学、卫星与航空遥感、近地传感在内的星地传感技术、土壤光谱探测技术、现代地理信息系统技术、计算机技术、数字土壤制图技术已被应用于土壤地理学、形态学、分类学、土壤调查与制图等。光谱、质谱、色谱、偏光显微镜、电子显微镜等仪器分析代替了冗长的化学分析，使土壤地理学的研究领域不断扩展，分析精度不断提高。

第二章　土壤成土因素与成土过程

　　土壤是成土母质在气候、生物、母质、地形、时间、内动力地质作用以及人类活动等因素的作用下，经过一系列物理、化学和生物的作用而形成的。即土壤是多因素影响下形成的客体，具有其本身特有的发生发育规律和特性。土壤的特性和发育主要受外部环境因素的影响，不同因素组合下形成的土壤类型不同。

　　19 世纪末，俄国土壤学家 B. B. 道库恰耶夫在对俄罗斯大平原上的土壤调查研究过程中，发现并提出了母质、气候、生物、地形和时间是自然土壤形成的主要因素，创立了土壤形成因素学说即成土因素学说。在 B. B. 道库恰耶夫之后，众多土壤学家从不同的方面深化了成土因素学说的内容。1895 年，H. M. 西比尔采夫根据土壤地理分布特点，将一定的土壤类型与一定的气候植被或地理区域相联系，提出了土壤地带性概念，把土壤划分为显域土纲、隐域土纲和泛域土纲：其中分布于高平地和低山丘陵上，受气候条件影响，具有明显地带性特征的归为显域土纲（zonal soil），如砖红壤、黑钙土、灰色森林土等土类；在特殊地形和母质的影响下，以斑点状分布的土壤归为隐域土纲（introzonal soil），如沼泽土、草甸土、盐土和碱土等。而不表现地带性特征，分布于任何地带内都保持自己特征的土壤归为泛域土纲（azonal soil），如冲积土和石质土等。B. P. 威廉斯将进化论的观点引进发生学，提出了土壤统一形成过程学说。在此学说中，强调了土壤形成中生物因素的主导作用和人类生产活动对土壤产生的重大影响。20 世纪 40 年代到 80 年代初，美国著名土壤学家 H. 詹尼在道库恰耶夫的成土因素学说的基础上，提出了"土壤形成因素函数"的概念，把函数式称为"clorpt 函数式"，并进一步提出了气候系列、生物系列、地形系列、岩成系列和时间系列等。

此外，柯夫达还提出了地球深层因子对土壤形成的影响，包括火山喷发、地震、新构造运动、深层地下水及地球化学过程等地球内生性地质现象，以及矿体和石油矿床的局部地质地貌的变化，都会影响土壤的形成和发育方向。但这种局部自然现象对全球土壤的形成和发育不具普遍意义。人类活动是土壤发生发展的重要因素，可对土壤尤其耕作土壤性质、肥力和发展方向产生深刻的影响，甚至起着主导作用。

一、成土因素

（一）母质

母质是指原生基岩经过风化、搬运、堆积等过程于地表形成的一层疏松、最年轻的地质矿物质层。母质是形成土壤的物质基础，是土壤的骨架。

母质类型依据成因可分为残积母质和运积母质两大类。残积母质是指岩石风化后，基本上未经动力搬运而残留在原地的风化物。运积母质是指经外力，如水、风、冰川和地心引力等作用而迁移到其他地区的母质，即包括坡积物、洪积物、冲积物、湖积物、河流沉积物、海积物、黄土母质、沙丘、冰碛物和崩积物等。

母质是形成土壤的物质基础，不同母质因其矿物组成、理化性状的不同，直接影响着成土过程的速度、性质和方向。如我国四川省中生代紫色岩风化速度快，形成的土壤矿质营养较丰富，形成的土壤较肥沃。而主要由石英和长石构成的砂岩，抗风化能力强，风化成土速度慢，形成的土壤养分含量少，肥力较低。不同的成土母质所形成的土壤，其理化性质有所不同。例如，钾长石和斜长石风化后所形成的土壤，前者一般含较多的钾，后者含较多的钙；而辉石和角闪石风化后所形成的土壤有较多的铁、镁、钙等元素。再如，在我国亚热带地区，石英含量较高的花岗岩风化物所含的盐基成分（钾、钠、钙、镁）极易完全淋失，含量较少，质地较粗，土壤呈酸性反应，发育为红壤；而石灰岩发育的土壤，因新风化的碎屑及富含碳酸盐的地表水不断流入土体，补充土壤中盐基含量，而发育成为石灰岩土，质地黏重。此外，母质层次的不均一性也会影响土壤的发育和形态特征。如河流沉积母质的砂黏间层所发育的土壤容易在砂层之下、黏层之上形成滞水层。

总之，成土过程时间愈久，土壤与母质的性质差别就愈大，但母质的某些性质却仍会保留在土壤中。

（二）气候

对土壤形成影响重要的气候因素主要包括湿度和温度两个方面，土壤中许多化学过程必须有水的参与，且受温度的控制，因此土壤中湿度和温度会直接影响土壤成土过程的速率和产物的数量，即一方面直接影响矿物质的分解与合成和物质的积累与淋失；另一方面控制植物生长和微生物的活动，影响有机质的积累和分解，决定养料物质循环的速度，最终影响土壤一系列的理化性质。在土壤形成过程中实际上是湿度和温度共同起作用。例如，热带地区，在高温高湿条件才能促进原生矿物的高度风化，形成砖红壤；而在高温干燥少雨条件下，风化强度较弱，形成燥红土。有机物质的矿质分解和腐殖积累也是湿度和温度共同影响的结果。研究表明当湿度为 60%~65%，温度为 45~50 ℃时，有机物质可矿质分解 90%，若湿度和温度超过这些范围，则有机物质的矿质分解受阻，有利于其腐殖积累形成有机质。

一般说，土壤中物质的迁移是随着水分和热量的增加而增加的。我国自西北向华北逐渐过渡，土壤中的 $CaCO_3$、$MgCO_3$、$Ca(HCO_3)_2$、$Mg(HCO_3)_2$、$CaSO_4$、Na_2SO_4、Na_2CO_3、KCl、$MgSO_4$、$NaCl$、$MgCl_2$ 及 $CaCl_2$ 等盐类的迁移能力不断加强。在西北荒漠和荒漠草原地区，只有极易溶解的盐类，如 $NaCl$、Na_2SO_4 等有相当明显的淋溶，$CaSO_4$ 淋溶较弱，在剖面不深处就可见到它，而 $CaCO_3$ 则未受到淋溶，所以剖面中往往没有明显的钙积层。内蒙古及华北的草原、森林草原地区，土壤中的碱金属盐类大部分淋失，碱土金属盐类在土壤中有明显的分异，大部分土壤都具有明显的钙积层。华北向东北过渡，除钾、钠、钙、镁等盐基淋失外，铁、铝也自土壤表层下移；向华南过渡，不但盐基物质淋失，硅也遭到淋溶，而铁、铝等在土壤中相对积累。

气候、植被和土壤之间存在明显的关系，许多土壤学家非常重视气候在土壤形成中的作用，提出了土壤地带性的概念，在成土母质和成土时间相对一致的情况下，土壤在气候的影响下呈现水平地带性和垂直地带性规律。在整个地质历史时期，随着气候的变化，土壤的形成方向和速度以及形成的土壤类型也不断发生着变化。因此了解气候变迁，对认识现在地球表面上各种各样的土壤有着积极意义。而土壤是气候变化的记录者，气候的变化往往在土壤性质中可以得到体现，所以可以通过研究古土壤的性质来追溯过去的气候。

（三）生物

生物是指生活在土壤中的巨大生物类群，是土壤中具有生命活力的主要成分。也是土壤发生发展中最主要、最活跃的成土因素。生物包括植物、动物和微生物，它们在土壤形成过程中各自起着不同的作用。

绿色植物通过光合作用将太阳能转变成化学能，把分散在母质、水圈和大气中的营养元素选择性地吸收合成有机化合物，再以有机残体归还到土壤中，转化为土壤有机质。

土壤动物是指长期或一生中大部分时间生活在土壤或地表凋落物层中的动物。如原生动物和蚯蚓、蜈蚣、蚂蚁等后生动物，土壤动物通过其机械活动疏松土壤，促进团聚结构的形成，通过其生命代谢活动参与土壤腐殖质合成和养分的转化，且土壤动物种类的组成和数量在一定程度上是土壤类型和土壤性质的标志。

土壤中微生物种类繁多，数量极大，对土壤的形成、肥力的演变起着重大作用。微生物参与土壤物质转化过程，尤其是有机质的分解和腐殖质的合成过程，在土壤形成和发育、土壤肥力演变、养分有效化和有毒物质降解等方面起着重要作用。

（四）地形

地形是影响土壤与环境之间进行物质、能量交换的一个重要因素。地形不直接参与土壤形成过程中物质和能量交换，而是通过对地表水热条件和物质的重新分配间接地影响其物质和能量的交换过程，导致土壤发育和类型发生分异。

在丘陵山地，坡上部的表土在降雨的作用下不断被剥蚀，使得底土层暴露出来，延缓了土壤的发育，形成的土壤土体薄、有机质含量低、土层发育不明显。而在坡麓地带或山谷低洼部位，常接受由上部侵蚀搬运来的沉积物，形成的土壤土体深厚、有机质含量较高、但发生土层分异并不明显。在干旱、半干旱和半湿润地区，地形低洼部位的土壤富含盐基可能发生盐渍化。另外，不同坡向因接收的太阳辐射能量不同，导致土壤温度有差别。在北半球，南坡接受的太阳辐射量比北坡多，土壤温度南坡比北坡高，土壤的昼夜温差南坡也比北坡的大，但因土壤蒸散量南坡高于北坡，土壤水分条件南坡比北坡差。

地形对母质起着重新分配的作用，不同的地形部位常分布有不同的母质。如山地顶部或台地上，主要是残积母质；坡地和山麓地带的母质多为坡积物；在山前平原的冲积扇地区，成土母质多为洪积物；而河流阶地、泛滥地和冲积平原，湖泊周围，滨海附近地区，相应的母质为冲积物、湖积物和海积物。

地形通过影响土壤形成过程中的物质再分配，进而影响土壤发育，如随着河谷微地形的变化，在河漫滩-低级阶地-高级阶地处相应发育形成水成土壤-半水成土壤-地带性土壤发生系列；山地对土壤发育的影响表现尤为明显。山地地势越高、坡度越大，切割越强烈，水热状况和植被变化就越大，其土壤垂直分布的特点越明显。另外由于地壳的上升或下降，影响土壤的侵蚀与堆积过程及气候和植被状况，使土壤形成过程、土壤和土被发生演变。例如，我国亚热带地区的红壤一般出现在低海拔区域，但因地壳的抬升也会出现在较高海拔区域。如庐山大月山海拔 1 000~1 200 m 处由于地壳抬升有红壤分布。

一般把在相同气候、母质、成土年龄下，由于地形和排水条件上差异引起的具有不同特征的一系列土壤称为土链。

（五）时间

土壤是一个历史自然体，时间因素对土壤形成没有直接的影响，但土壤会随着时间的推移而演变。成土时间长，受气候、生物作用时间长，与母质、母岩差异大；反之亦然。成土时间用土壤年龄即土壤发生发育时间的长短表示，通常把土壤年龄分为绝对年龄和相对年龄。绝对年龄是指从该土壤由新鲜风化物或新母质上开始发育的时候算起；而相对年龄是指土壤的发育阶段或土壤的发育程度。一般土壤剖面发生土层分异越明显，相对年龄越大。如从 A-C 剖面构型到 A-B-C 剖面构型，再到 A-E-B-C 剖面构型，相对年龄越来越大。通常我们研究土壤的发育程度，即土壤的相对年龄。

岩石风化为母质再形成土壤都需要一定的时间，但不同的母质和成土环境又会影响风化作用和土壤形成的速率。在温暖湿润的气候条件下，松散母质上的土壤发育速度非常迅速，在较短的时间内即可发育为成熟土壤；而在干旱寒冷的气候条件下，坚硬岩石上发育土壤的速度极其缓慢，长期处在幼年土阶段。

（六）内动力地质作用

新构造运动和火山喷发等内动力地质作用也会影响土壤的发生发展。新构造运动引起地形的升降变化。通常地形上升地区，土壤受到剥蚀或者腐殖质层剥蚀变薄或者整个土体剥蚀掉了，开始新的成土过程。而在地形下降区，侵蚀停止，堆积作用开始，原来的土壤可能被埋藏，表层新覆盖土壤在外界环境条件下进行相应的成土过程。

由火山喷发出的喷发物具有独特的性质，沉降覆盖于周围地区的土壤上，若火山喷发物覆盖层足够厚，则会中断了原来土壤成土过程，原土壤成为埋藏土壤，而在新鲜的火山喷发物上开始新的成土过程。如火山不断喷发，喷发物不断沉降，致使土壤始终保持幼年状态，发生土层没有明显分异。火山喷发引起的地震，也造成附近地区处于不稳定状态的土壤产生崩塌、泻溜等运动，迁移到稳定的地形部位上，导致两地原来的土壤都发生了变化。

（七）人类活动

人类活动与其他6个因素有着本质区别，在土壤形成过程中具有独特的作用：①人类活动对土壤的作用是主动的，在农业生产实践中，为了更好地利用土壤，通过各种措施改良和培肥土壤，某种程度上可以加快土壤的熟化。②人类活动对土壤的影响及其效果受社会制度、社会生产力和科技水平的影响。③人类对土壤的影响具有双重性，即有利和有害两方面，利用合理，有助于土壤熟化；利用不当，可能会导致土壤退化。随着生产的发展，人类活动对土壤的干扰程度增大，以致改变了原来土壤的基本性状，产生了新的土壤类型。在中国土壤分类系统和中国土壤系统分类中均设立了人为土纲。

上述各种成土因素可大概分为自然成土因素（气候、生物、母质、地形、时间）和人为活动因素。前者存在于一切土壤形成过程中，产生自然土壤；在自然土壤的基础上有了人类活动的作用，形成农业土壤，改变了自然土壤的发育程度和发育方向。

二、土壤形成过程

土壤的形成过程是地壳表面的岩石风化体及其搬运的沉积体，受其所处环境因素的作用，形成具有一定剖面形态和肥力特征的土壤历程。土壤的形成过程主要是发生在岩石圈与大气圈、生物圈、水圈、智慧圈（即人类圈）界面上复杂的物理、化学和生物过程的综合。太阳辐射能是综合作用的主要源动力，土体内部物质和能量的迁移和转化则是土壤形成过程的实际内容。土体内物质的移动包括两大方向运动：一是向下淋溶、淀积或淋失脱离土体，二是养分元素向上迁移在土体某层位或表土积聚或生物富集。

（一）土壤物质移动机理

根据物质移动的机理分为：溶迁、还原迁移、螯迁、悬迁和生物迁移等作用。

1. 溶迁作用

溶迁作用是指土体内的物质形成真溶液后，随土壤渗漏水或毛管水向上或向下的迁移。一般以向下淋溶迁移为主，被迁移的物质主要是可溶性盐基离子和一些阴离子，如 Na^+、K^+、Ca^{2+}、Mg^{2+} 及 Cl^-、SO_4^{2-}、NO_3^-、HCO_3^{2-} 等。在湿热的气候条件下，风化过程极为强烈，其释放出的盐基离子和硅酸多遭强烈淋洗而迁出土体，多形成 1：1 型高岭石黏粒矿物和铝铁氧化物，形成酸性土壤。

2. 还原迁移

还原迁移是水成土和半水成土中物质迁移的主要形式。在淹水条件下，土壤中氧化还原体系各形态物质发生转换，氧化态还原为还原态，原本不易移动的元素变得易于移动，尤以土壤中铁、锰最为明显。

3. 螯迁作用

螯迁作用又称配合作用，是指土体内的金属离子以螯合物或络合物的形态进行的迁移。土壤有机质分解过程中产生的中间产物有机酸对土壤重金属离子发生络合作用，增加重金属离子的移动性。如灰化土中铁、铝在螯迁作用下发生强烈迁移，使灰化土亚表层土壤颜色呈灰白色，紧接其下有呈棕色、暗棕色，富含腐殖质和游离铁、铝的淀积层。另外地衣等生物具有分泌多羟基酸的能力，在土壤金属离子螯合迁移中发挥重要作用。

4. 悬迁作用

悬迁作用又称为黏粒（clay）的悬浮迁移作用，它是指土体内的硅酸盐黏粒分散于水中形成悬液的迁移。悬浮迁移主要是硅酸盐黏粒的移动，不同硅酸盐黏粒悬迁能力不同，通常 2∶1 型蒙脱石类膨胀型黏粒＞2∶1 型云母类非膨胀型黏粒＞1∶1 型高岭石类黏粒。在降水充足时，可造成土壤中上部某个土层的质地相对变粗。但因硅酸盐黏粒悬迁作用还受脱水作用、电解质含量及土壤孔隙等的影响，其悬移一般只能达到地表以下 1~1.5 m。

5. 生物迁移

生物迁移是指植物通过庞大根系从土体中吸收养料元素合成植物自身的有机体，随后以有机残落物及死亡根系回归土壤。这些有机残体一方面矿质分解补偿土壤淋溶损失和被生物吸收的矿质养分；一方面通过腐殖积累有机质，发展土壤肥力。生物迁移作用是土壤发育中至关重要的过程。

上述土壤物质迁移相对而言，溶迁、还原迁移、螯迁和悬迁作用主要是元素淋失过程，生物迁移主要是元素富集过程。土壤中物质迁移 5 种方式互相联系，难以截然分开，但常有一个是土壤主要的迁移作用，如潮土、水稻土中还原迁移起主导作用，灰化土中则以螯合迁移为主。

（二）主要成土过程

成土过程可看作是土壤中物质的交换与转化，根据物质迁移和转化的特征可分为：

- 有机物与无机物以固体、液体或气体的形式进入土壤中；
- 有机或无机物质从土壤中淋失；
- 土壤内部有机物或无机物的迁移；
- 土壤内部有机物或无机物的转化。

由于成土条件组合的多样性，造成了成土过程的复杂性。在每一块土壤中都发生着一个以上的成土过程，其中有一个起主导作用的成土过程决定着土壤发展的大方向，其他辅助成土过程对土壤也有不同程度的影响。各种土壤类型正是在不同的成土条件组合下，通过一个主导成土过程加上其他辅助成土过程作用下形成的。不同的土壤有不同的主导成土过程。成土过程的多样性导致了土壤类型的多样化。

1. 原始成土过程

从岩石露出地表有微生物和低等植物着生开始到高等植物定居前的土壤过程，称为原始成土过程。原始成土过程根据着生的微生物和低等植物，可以分为 3 个阶段："岩漆"阶段、"地衣"阶段和"苔藓"阶段。岩面上着生或定居生物就标志着原始成土过程的开始，由此而形成的土壤即为原始土壤，如在高山冻寒气候条件形成的高山寒漠土，其主要成土过程为原始成土过程。

2. 有机质积聚过程

有机质积聚过程是在木本或草本植被下有机质在土体上部积累的过程。这一过程在各种土壤中都存在，但不同土壤有机质含量存在差异，有机质含量高可达 100 g/kg 以上，低可至 10 g/kg 以下，甚至低于 3 g/kg。一般耕层土壤有机质含量为 10~30 g/kg。

3. 黏化过程

黏化过程是土体中黏粒形成和积累的过程。一般分为残积黏化和淋淀黏化。残积黏化是土内风化作用形成的黏粒产物没有向深土层移动而就地积累的过程。土壤结构体表面黏粒胶膜不多，没有光学向性。淋淀黏化是指在湿润和半湿润的温暖地带，土体上层风化的黏粒通过悬迁作用或黏粒的机械淋溶迁移到一定土体深度而淀积，土壤结构面上胶膜明显，在偏光显微镜下可见到黏粒定向排列。黏粒下移深度和黏化层的厚度与区域降水成正比。

残积黏化过程多发生在温暖的半湿润和半干旱地区的土壤中，而淋淀黏化则多发生在暖温带和北亚热带湿润地区的土壤中。

4. 钙化过程

钙化过程指干旱、半干旱地区土壤中碳酸盐的淋溶与淀积过程。钙化过程包括钙积过程和脱钙过程。钙积过程是干旱、半干旱地区土壤中的碳酸盐发生移动积累形成钙积层的过程。钙积层碳酸钙含量一般为 10%~20%，形态各异，有假菌丝体、粉末状、眼斑状、结核状、石灰磐等。与钙积过程相反，脱钙过程是在降水量大于蒸发量的气候条件下，土壤中的碳酸钙转变为重碳酸钙从土体中淋失的过程。

另外还可能出现复钙过程，即可能因自然（如生物吸收表层积累或含钙尘土降落）或人为施肥（如施用石灰、钙质土粪等），使原脱钙的表土层含钙量大于 B 层的成土过程。

5. 盐化过程

盐化过程多发生于干旱、半干旱地区以及滨海地区，土壤中易溶性盐的积累过程。易溶性盐积累的浓度达到致害作物的土壤，称为盐化土壤或盐土。

脱盐过程指由于地形抬升，或气候变湿，或人工排水改良等作用下发生可溶盐从某一土层或从整个剖面中移去的过程。脱盐过程通常是对盐化土壤的改良。另外，土壤目前没有盐化，但因不合理灌溉而抬高了地下水位引起的土壤盐化，被称为次生盐渍化。

6. 碱化过程

碱化过程指土壤胶体吸附钠离子的过程，使土壤呈强碱性反应，并形成土粒高度分散、湿时泥泞、干时板结坚硬物理性质极差的碱化层。碱化度超过 20% 的土壤称为碱质土或钠质土。与碱化过程相反的是脱碱过程，即钠离子脱离土壤胶体进入土壤溶液，使碱化土和碱土的碱化度和总碱度以及 pH 值降低的过程。碱土通常用含有石膏的灌溉水淋洗脱碱改良。

7. 灰化过程

灰化过程是在寒温带、寒带针叶林植被和湿润的条件下，土壤中铁铝与有机酸性物质螯合淋溶淀积的过程。主要表现为铁、铝的螯合淋溶和酸性淋溶。土壤剖面上相应形成灰化层和淀积层，亚表层因铁、锰的淋失形成灰白色，质地较轻，呈强酸性反应的灰化层；在灰化层之下形成腐殖质富集和三、二氧化物的红棕色或暗棕色淀积层，又称灰化淀积层。两者既有上、下层位关系，又有铁、铝和腐殖质转移的共轭关系。

8. 白浆化过程

白浆化过程是指土体上层周期性滞水引起还原离铁、离锰作用而使土壤颜色变浅发白的过程，也称白鳝化过程或漂洗过程。一般在较冷凉湿润地区，由于质地黏重或冻层等原因，易使大气降水或融冻水在土壤表层阻滞，造成上层土壤还原条件，白浆层盐基、铁、锰和黏粒严重淋失。白浆层质地变轻，下层质地黏重，质地具有二重性。

9. 富铝化过程

富铝化过程是指在热带、亚热带高温高湿条件下，铝硅酸盐矿物强烈分解，释放出大量的盐基，并形成游离硅酸和铁、铝氧化物；在中性风化液中，盐基和硅酸均可移动而遭到淋溶，而难移动的铁、铝氧化物则相对富集的过程，也称之为脱硅富铝化过程。热带、亚热带地区水热资源丰富、矿物岩石风化强烈、生物循环活跃，盐基迁移强，形成富铝风化壳及红色酸性土壤。

10. 潜育化过程

潜育化过程是指土壤在长期处于水分饱和、缺氧的条件下，有机物质进行嫌气分解，高价态铁、锰等被还原成低价态（Fe^{2+}、Mn^{2+}），产生磷铁矿、菱铁矿等矿物，使土体颜色转变为蓝灰色或青灰色的过程。由潜育化过程形成的蓝灰色或青灰色、分散成泥糊状无结构的土层为潜育层。潜育化过程是沼泽土壤、地势低洼排水不良的水稻土的主要成土过程。

11. 潴育化过程

潴育化过程即氧化-还原过程，是指土壤干、湿交替所引起的氧化与还原交替的过程。导致土壤中变价的铁锰物质发生氧化还原，在结构面、孔隙壁上形成锈色斑纹，甚至出现铁锰结核等新生体，具有铁锰结核或铁锰斑纹特征的土层为潴育层或氧化还原层。

12. 熟化过程

熟化过程是指在人为耕作、施肥、灌溉和改良等措施影响下，土壤肥力上升的发展过程，即在耕种条件下，人为的定向培肥土壤过程。土壤熟化可分为旱耕熟化过程与水耕熟化过程，旱耕熟化过程指在原来自然土壤的基础上，进行油菜、棉花、果园、玉米、花生等旱地作物栽培期间，通过人为耕翻、施肥、灌溉等改良措施培肥土壤。水耕熟化过程指在原来自然土壤的基础上种植水稻，为满足水稻生长的需要采取一系列水耕培肥措施培肥土壤。

13. 退化过程

退化过程是指在各种自然因素和人为因素影响下，导致土壤生产力、环境调控潜力和可持续发展能力下降甚至完全丧失的过程。土壤退化包括土壤数量减少和质量降低两个方面。

三、土壤剖面和土体构型

土壤在成土因素的作用下，经过一定的成土过程，产生了特定土壤属性，土壤剖面是土壤内在属性的外部表现，通过观察土壤剖面的形态、发生层或土体构型，可以初步了解成土因素长期作用和推导发生的成土过程，是认土、用土、改土的主要依据之一。

（一）土壤剖面

土壤剖面是指从地面垂直向下至母质的土壤纵断面（图2-1）。

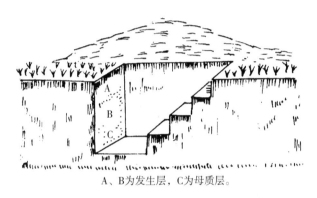

A、B为发生层，C为母质层。

图2-1　土壤剖面示意

（二）土壤发生层

1. 土壤发生层

土壤在其发育过程中形成的大体与地表平行的土层，称为土壤发生层或简称土层，见图2-2。

一个完整的土壤剖面应包括土壤形成过程中所产生的发生学层次（发生层A、B）和母质层（C），见图2-1。

2. 发生层命名

发生层的划分主要根据颜色、质地、结构、松紧度、新生体、石灰性和酸碱性反应等形态特征来划分。命名时记录主要发生层类型及其附加特性。首先，确定剖面的主要发生层，反映土壤主要的物质淋溶、淀积和散失过程，并用大写英文字母表示；然后，确定不同发生层的附加特性，进

图 2-2 土壤剖面及发生层标本（示意图）

一步细分，则用小写英文字母表示，并列置于主要发生层大写字母之后（不是下标）。主要发生层及其附加特性描述和表征修饰字母见表2-1。

表 2-1 主要发生层及其附加特性描述和表征修饰字母

表征修饰字母*	发生层名称及特征描述
O	有机层（包括枯枝落叶层、草根密集盘结层和泥炭层）
A	腐殖质表层或受耕作影响的表层
E	淋溶层、漂白层
B	物质淀积层或聚积层，或风化 B 层
C	母质层
R	基岩
G	潜育层
K	矿质土壤 A 层之上的矿质结壳层（如，盐结壳、铁结壳等）
I	用以表示发生层的附加特性和修饰字母
a	高分解有机物质
b	埋藏层。置于任何性质的符号后面（如，Btb 埋藏淀积层，Apb 埋藏熟化层）
c	结皮。如，Ac 结皮层

（续表）

表征修饰字母*	发生层名称及特征描述
d	冻融特征。如，Ad 片状层
e	半分解有机物质
f	永冻层
g	潜育特征
h	腐殖质聚积
i	低分解和未分解有机物质。如，Oi 枯枝落叶层
j	黄钾铁矾
k	碳酸盐聚积
l	网纹
m	强胶结。置于属何性质的符号后面，如，Btm 黏磐；Bkm 钙磐；Bym 石膏磐；Bzm 盐磐
n	钠聚积
o	根系盘结
p	耕作影响。例如，Ap 表示耕作层；水田和旱地均可用 Ap1 和 Ap2 表示；Ap1 表示耕作层，Ap2 分别表示水田的犁底层和旱地的受耕作影响层次
q	次生硅聚积
r	氧化还原。如，水稻土、潮土中的斑纹层 Br 又可进一步按铁锰分异细分为：r1 以铁为主，r2 以锰为主
s	铁锰聚积。自型土中的铁锰淀积和风化残积。又可进一步按铁锰分异细分为：s1 铁聚积，s2 锰聚积
t	黏粒聚积。只用 t 时，一般专指黏粒淀积；由此生长形成黏粒就地聚积者以 Btx 表示；黏磐以 Btm 表示
u	人为堆积、灌淤等影响
v	变性特征
w	就地风化形成的显色，有结构层。如，Bw 风化 B 层
x	固态坚硬的胶结，未形成磐。如，Bx 紧实层；Btx 次生黏化层。与 m 不同处在于后者因强胶结，结构单位本身不易用手掰开
y	石膏聚积
z	可溶盐聚积
φ	磷聚积。如，φm 磷积层，Bφm 磷质硬磐

注：*在需要用多个小写字母作后缀时，t、u 要在其他小写字母之前，如其黏淀特征的碱化层为 Btn；灌淤耕作层为 Aup，灌淤耕作淀积层 Bup，灌淤斑纹层 Bur；v 放在其他小写字母后面，如砂姜钙积潮湿变性土的 B 层为 Bkv。

3. 发生层特殊表示

（1）异元母质土层表示。如土壤剖面的发生层序列表示为 Ah—E—Bt1—Bt2—2Bt3—2C—2R 中，说明 Ah—E—Bt1—Bt2 各土层是由母质"1"发育的发生层（阿拉伯数字 1 可省略），而 2Bt3—2C—2R 各土层是由母质"2"发育的土层，即不同母质发育的土层通过在字母前面的不同阿拉伯数字来表示；而当中 3 个黏化层 Bt1—Bt2—2Bt3 中阿拉伯数字仍必须连续表示。

（2）过渡层表示。指兼有两种主要发生土层特性的土层，用两发生层的大写字母连写表示，其中主要特征的土层字母放在前面。例如，AB 层，表明该过程层的性状更接近 A 层。

（3）混合土层表示。混合土层又称指间层是指由不同主要土层中的块体部分混合而成，每一块体都可鉴别出它原属土层。用斜线分隔号（/）置于两土层之间表示，如 E/B 层、B/D 层，占优势土层的大写字母置于前面。

（三）土体构型

土体构型是指各土壤发生层在垂直方向有规律的组合和有序的排列状况。不同的土壤类型有不同的土体构型，一般用发生层符号中间加连字符的方式表达，如 A—Bt—C；A—E—Br1—Br2—C—R。

四、单个土体、土壤个体和土壤景观

（一）单个土体

单个土体指能进行描述和采样，从而能据以鉴定所有土层的特性和排列，以及其他一系列特征变异的最小土体。一般统计的平面面积为 $1 \sim 10 \ m^2$ 不等。

（二）土壤个体

土壤个体是在一定面积内，一群在统计意义上具有相似性的单个土体，也称为聚合土体，是进行土壤分类的基层单位，如土种或土系等。

（三）土壤景观

土壤景观即景观中的土壤部分，因在土壤的地理分布中，从土壤个体到土类都与一定的自然景观相联系，我们突出土壤部分来表示景观，如所谓砖红壤景观、灰漠土景观、草甸土景观等。以土壤为主体，特别是以土壤剖面及其发生层次为主体，反映该土壤所分布的气候、地貌、植被、水文与生物地球化学的总体自然特征。

五、中国土壤的地理分布规律

我国土壤分布与气候、生物带的地理分布规律基本一致，受纬度、海陆位置和地形等的影响，存在着土壤的水平地带性分布规律、垂直地带性分布规律和区域地带性分布规律等。

（一）土壤的水平地带性分布规律

我国地域辽阔，东部海岸线漫长，地形由东而西拾级而上，因纬度不同、距海远近不同及地形不同，引起水热条件的分异，从而形成了我国土壤水平地带的分布规律性。

我国土壤水平地带性分布规律是因纬度、距海远近及地形的不同引起水热条件分异所造成。

东部沿海为湿润海洋性地带谱，土壤类型沿经线东西方向延伸，按纬度南北方向逐渐变化的规律即为土壤的纬度地带性分布规律，主要受温度影响，随纬度的变化自南而北分布砖红壤、赤红壤、红壤与黄壤、黄棕壤、棕壤、暗棕壤与棕色针叶林土（表2-2）。

西部为干旱内陆性地带谱，土壤沿纬线南北方向延伸，按经度东西方向逐渐变化的规律即为土壤的经度地带性分布规律，主要受湿度影响。在暖温带土壤类型自东而西分布着棕壤、褐土、黑垆土、灰钙土、棕漠土，在温带土壤类型自东而西分布着暗棕壤、黑土、黑钙土、栗钙土、棕钙土、灰漠土、灰棕漠土（表2-3）。

（二）土壤的垂直地带性分布规律

随山体海拔高度的升高，在一定高程范围内，温度随之下降，湿度随之增大，生物气候及土壤相应发生变化，这种土壤类型随海拔的高低自基带向上（或向下）依次更替的现象，称为土壤的垂直地带性分布规律。

山地土壤垂直分布规律或者垂直带谱的结构取决于山体所在的地理位置的生物气候特点以及山坡的朝向。南方山体与北方山体、山体的迎风面与背风面的气候生物均有差异，导致同一山体两侧基带土壤类型不同，不同山体土壤的垂直带结构差异大，具体参见表2-4。

（三）土壤区域地带性

一些土壤主要因土壤侵蚀、成土母质、地下水等区域成土因素作用，形成与地带性土壤性质有差异的土壤类型，这些土壤具有区域地带性，如受母岩影响的紫色土、石灰岩土；受母质影响的黄绵土、风沙土；受人为影响的水稻土、菜园土、灌淤土；受地下水影响的潮土和草甸土等（表2-5）。这些土壤虽然因为区域成土因素的影响，而没有发育成地带性的土壤，但若控制区域成土因素发生变化，经过一定时期，也会逐渐发育成地带性土壤。如紫色土和石灰岩土若土壤侵蚀停止发生，就会逐渐发育成地带性红壤或黄壤。

根据土壤地带性规律进行合理的农业生产布局，对不同地带大范围环境问题进行分析并提出相应的解决对策，而根据土壤的区域性进行小范围农业生产布局、土壤改良培肥和区域环境治理。

六、不同成土条件和成土过程形成的土壤类型

（一）我国东部森林土壤类型的形成条件、主要成土过程及其基本特性

在我国东部的森林气候条件下形成从南到北纬度地带性土壤类型，见表2-2。

表2-2　我国东部的森林土壤类型的形成条件、主要成土过程及其基本特性

土壤类型	棕色针叶林土	暗棕壤	棕壤	褐土	黄棕壤	黄壤	红壤	赤红壤	燥红土	砖红壤
气候带	寒温带湿润	温带湿润	暖温带湿润半湿润	暖温带半湿润	北亚热带湿润	中亚热带湿润	中亚热带湿润	南亚热带湿润	热带干燥	热带湿润
年均温/℃	<-4	-1~5	5~15	10~14	15~16	14~16	16~20	19~22	20~25	21~26
年降水量/mm	450~750	600~1 100	500~1 200	500~800	1 000~1 500	2 000左右	1 000~2 000	1 000~2 600	630~1 000	1 400~3 000
干燥度	<1	<1	0.5~1.4	1.3~1.5	0.5~1	<1	<1	<1	>1.5	<1
植被	针叶林	针叶与落叶阔叶混交林	落叶阔叶林	森林灌木	常绿与落叶阔叶混交林	常绿阔叶林	常绿阔叶林	季雨林	热带稀树草原或稀树灌丛草原	雨林与季雨林

（续表）

土壤类型	棕色针叶林土	暗棕壤	棕壤	褐土	黄棕壤	黄壤	红壤	赤红壤	燥红土	砖红壤
主导成土过程	针叶林毡状凋落物层和粗腐殖质层的形成，有机酸的络合淋溶，铁铝的回流与聚积	明显的腐殖质积累作用，盐基与黏粒淋溶过程，假灰化过程	强淋溶过程，强黏化作用，生物富盐基过程	干旱腐殖质积累过程，碳酸钙的淋溶与淀积，黏化过程	腐殖化过程，弱富铝化过程，黏化过程	较弱脱硅富铝化过程，黄化过程，生物富集过程强	脱硅富铝化过程，生物富集过程	脱硅富铝化过程，生物富集过程	腐殖化过程，淋溶过程和铁质化过程	强脱硅富铝化过程，生物富集过程
土体构型	0-Ah-AB-(Bhs)-C	0-Ah-AB-Bt-C	Ah-Bt-C	Ah-Btk-C	Ah-Bts-C	Ah-Btk-C	Ah-Btk-C	Ah-Btk-C	Ah-Bs-C	Ah-Btk-B-C
有机质/(g/kg)	30~80	50~100	10~30	10~30	20~30	30~80	15~40	20~50	20~40	30~50
pH值	4.5~5.5	5.5~6.0	5.5~7.0	7.0~8.4	5.0~6.7	4.5~5.5	4.2~5.9	4.5~5.5	6.5~8.0	4.5~5.0

（二）我国温带草原土壤类型的形成条件、主要成土过程及其基本特性

在我国温带草原条件下形成从东到西经度地带性土壤类型，见表2-3。

表2-3 我国温带草原土壤类型的形成条件、主要成土过程及其基本特性

土壤类型	黑土	黑钙土	栗钙土	棕钙土	灰钙土	灰漠土	棕漠土
气候带	温带湿润	温带半干旱半湿润	温带半干旱	温带干旱	暖温带干旱	温带极干旱	暖温带极干旱
年均温/℃	0~6.7	-2~5	-2~6	2~7	5~9	5~8	10~12
年降水量/mm	500~650	350~500	250~400	150~280	200~300	100~200	＜100
干燥度	0.75~0.9	＞1	1~2	2~4	2~4	＞4	＞4
植被	草原化草甸、草甸	草甸草原	干草原	荒漠草原	荒漠草原	荒漠	荒漠

（续表）

土壤类型	黑土	黑钙土	栗钙土	棕钙土	灰钙土	灰漠土	棕漠土
主导成土过程	腐殖质积累过程、潴育淋溶淀积过程	腐殖质积累过程、钙化过程	腐殖质积累过程、钙化过程、残积黏化	腐殖质积累过程，石灰、石膏和易溶盐的淋溶与淀积，弱黏化与铁质化	弱腐殖质积累过程、碳酸钙在土体中的移动与聚积	微弱的生物积累过程，孔状结皮和片状层的形成；荒漠残积黏化和铁质化过程，石膏和易溶盐的聚积	微弱的生物积累过程，孔状结皮和片状层的形成；荒漠残积黏化和铁质化过程，石膏和易溶盐的聚积
土体构型	Ah－ABh－Btq-C	Ah－－ABh－Bk-Ck	Ah－Bk-C	Ah－Bw－Bk-Cyz	Al－Ah－Bk－C/Cz/Cy	Al1－Al2－Bw-Czy	（Ar）－Al-Ah－Bw－Byz-Cyz
有机质/（g/kg）	50～80	50～70	10～45	6～15	9～25	＜10	3～6
钙积层位	无钙积层	B层或C层	B层	不明显	不明显	—	—
石膏、易溶盐	无	无	无	底部	底部	中部	中部
pH值	6.5～7.0	7.0～8.4	7.5～8.5	8.5～9.0	8.4～9.5	8.4～10	7.5～9.0

（三）我国主要山地垂直地带谱土壤类型

我国不同地区主要山地垂直地带性土壤类型，见表2-4。

表2-4　我国主要山地垂直地带谱

地带	地区	土壤垂直地带谱
热带	湿润地区	砖红壤（＜400）→山地砖红壤（400）→山地黄壤（800）→山地黄棕壤（1 200）→山地灌丛草甸土（1 600）（海南岛五指山东北坡1 879）
	半干旱地区	燥红土→山地褐红壤→山地红壤→山地黄壤→山地黄棕壤→山地灌丛草甸土（海南岛五指山西南坡1 879）

（续表）

地带	地区	土壤垂直地带谱
南亚热带	湿润地区	赤红壤（100）→山地黄壤（800）→山地黄棕壤（1 500）→山地棕壤或山地暗棕壤（2 300）→山地灌丛草甸土（2 800）（台湾玉山西坡3 600）
	半湿润地区	赤红壤（＜300）→山地赤红壤（300）→山地黄壤（700）（广西十万大山马耳夹南坡1 300）
	半干旱地区	燥红土（500）→赤红壤（1 000）→山地红壤（1 600）→山地黄壤（1 900）→山地黄棕壤（2 600）→山地灌丛草甸土（3 000）（云南哀牢山3 054）
中亚热带	湿润地区	红壤（＜700）→山地黄壤（700）→山地黄棕壤（1 400）→山地灌丛草甸土（1 800）（江西武夷山西北坡2 120）
	半湿润地区	褐红壤→山地红壤→山地棕壤→山地暗棕壤→山地漂灰土→高山草甸土→高山冰雪覆盖区域（四川木里山）
	半干旱地区	燥红土→山地褐红壤→山地红壤→山地棕壤→山地暗棕壤→高山草甸土（四川鲁南山）
北亚热带	湿润地区	黄棕壤（＜750）→山地棕壤（750）→山地灌丛草甸土（1 350）（安徽大别山1 450）
	半湿润地区	山地黄褐土（600）→山地黄棕壤（1100）→山地棕壤和山地灌丛草甸土（2 300）（大巴山北坡2 570）
	半干旱地区	灰褐土→山地褐土→山地棕壤→山地暗棕壤→高山草甸土（松潘山原）
暖温带	湿润地区	棕壤（＜50）→山地棕壤（50）→山地暗棕壤（800）（辽宁千山山脉1 100）
	半湿润地区	山地褐土（＜600）→山地淋溶褐土（600）→山地棕壤（900）→山地暗棕壤（1 600）→山地草甸土（2 000）（河北雾灵山2 050）
	半干旱地区	黑垆土（1 000）→山地栗钙土→（阳坡）山地灰褐土→山地草甸草原土（甘肃云雾山2 500）
	干旱地区	山地棕漠土（2 600）→山地棕钙土（3 500）→亚高山草原土（4 200）高山漠土4 500（昆仑山中段5 200）
温带	湿润地区	白浆土（＜800）→山地暗棕壤（800）→山地漂灰土（1 200）→高山寒冻土（1 900）（长白山2 170）
	半湿润地区	黑钙土（＜1 300）→山地暗棕壤（1 300）→山地草甸土（1 900）（大兴安岭黄岗山2 000）栗钙土（＜1 200）→山地栗钙土或山地周土（阳坡）（1 200）→山地淋溶褐土（阴坡）或山地黑钙土（阳坡）（1700）（阳木乌拉山北坡2 200）
	半干旱地区	山地栗钙土（＜800）→山地黑钙土（1 200）→山地灰黑土（1 800）→高山寒冻土*（2 400）（阿尔泰山，布尔津山区3 300）
	干旱地区	
寒温带	湿润地区	黑土（＜500）→山地暗棕壤（500）→山地漂灰土（1 200）（大兴安岭北坡1 700）

注：*原称山地冰沼土、山地寒漠土，现暂归高山寒冻土类；表中数据为海拔高度，单位：m。

（四）我国主要非地带性土壤类型的形成条件、主要成土过程及其基本特性

我国主要受局部水分、母岩、母质或人为影响的非地带性土壤类型见表 2-5。

表 2-5　我国主要非地带性土壤类型的形成条件、主要成土过程及其基本特性

土壤类型	潮土	紫色土	石灰（岩）土	水稻土	灌淤土	菜园土
主要成土因素	河流沉积物	紫色砂岩、紫色砂页岩、紫色页岩	石灰岩、白云岩、白云质灰岩等	人为活动	人为活动	人为活动
植被	旱作	旱作	旱作	水稻	旱作	蔬菜
主导成土过程或形成特点	潴育化过程（或氧化还原过程）、腐殖质积累过程	快速物理崩解和频繁的侵蚀堆积作用、风化淋溶程度浅，基本保持母岩原色、母岩盐基物质丰富，淋溶损失少、生物循环强烈，有机质和氮素积累少	石灰岩的溶蚀风化及 $CaCO_3$、$MgCO_3$ 的淋溶、$CaCO_3$ 的富集、腐殖质钙的积累	水耕熟化过程（有机质积累过程）、潴育化过程（氧化还原过程）或潜育化过程	灌水落淤与人为耕作熟化过程	旱耕熟化与施肥综合作用下腐殖质积累过程
土体构型	A - Ap - Bg - C	A - AC - C 或 A-B-C	A-R 或 A-BC-R	Aa - Ap - C 或 Aa-Ap-P - C 或 Aa - Ap - (P) - W - (G) C 或 Aa-Ap-G 或 Aa - (Ap) -G	Pi - Pi (B) -Cb	Ap（人工腐殖质层）- A-B-C
有机质/（g/kg）	10~20	10~30	40~70	10~30	10~15	>15
pH 值	5.5~8.5	>7.5 或 6.5~7.5 或 5.0~6.5	7.0~8.5	6.5~7.5	7.0~8.5	4.5~8.5

第三章　土壤分类

土壤分类是土壤科学发展水平的反映，是土壤调查制图的基础，为土地评价、土地利用规划、合理利用土壤、改良土壤和提高土壤肥力提供依据。

各国古代的土壤分类是从形态着眼，注重实用性。18 世纪中叶，随着科学技术的发展，土壤发生学的思想萌芽才产生，出现按成因对土壤分类，直到 19 世纪末俄国土壤学家 B. B. 道库恰耶夫根据对俄罗斯大平原的土壤调查，发现了土壤类型随成土因素变化而变化的规律，创立了土壤形成因素学说，并由此提出了土壤发生分类系统。20 世纪以来各国土壤分类无一不受其影响，在 20 世纪 50 年代苏联出现 3 个分类派系，其中以 E. H. 伊万诺瓦和 H. 罗佐夫建立的土壤地理发生学分类体系影响较大，同时 W. L. 库比纳将苏联土壤发生分类学的思想引入德国。后在德国、法国等西欧国家又出现了形态发生分类学派，20 世纪 30 年代马伯特（C. F. Marbut）引入苏联土壤发生学理论和地带性观点到美国，建立了美国土壤分类。

20 世纪 50 年代，随着苏联的土壤地理发生学分类进入我国，结合两次全国土壤普查大量的数据资料建立了中国土壤分类系统。尽管土壤地理发生学在土壤发展科学和生产实际应用中起了非常重要的作用，但在实践过程中，由于不同的人对发生学理论理解不同以及缺乏定量指标，使得在实际调查中出现同土异名和同名异土的现象。美国农业部土壤保持局以 G. D. 史密斯为首的土壤学家于 1951 年开始，先后集中了世界各国众多土壤学家的智慧，历经 10 年，经过多次修改，于 1975 年正式出版了以一系列定量的诊断层和诊断特性来划分鉴定土壤的《土壤系统分类》（*Soil Taxonomy*，ST）一书。后仍结合实际应用反复修订，《土壤系统分类》1999 年出版了第 2 版，美国《土壤系统分类检索》（*Keys to Soil Taxonomy*，KST）已出第 8 版。目前美国的土壤系统分类对世界各国影响很大，有的国家直接使用，有的国家在其基础上结合本国特色修改补充。但美国土壤系统分类仍然遵循了土壤发生学思想。

目前，国际上土壤分类除美国土壤系统分类（ST），还有联合国世界土壤图图例单元（FAO/Unesco）以及国际土壤分类参比基础（IRB），到 1991 年发展成为世界土壤资源参比基础（WRB），均在向美国土壤系统分类靠近，以诊断层和诊断特性为基础，走定量化、标准化和统一化的途径，可望在不久的未来形成一个能被各国土壤学家广泛接受的国际统一的土壤分类方案。

目前中国土壤分类系统和中国土壤系统分类并存，前者属于土壤地理发生分类体系，国家在土壤调查、第三次全国土壤普查中都统一使用的官方土壤分类系统，后续各章介绍的土类也以此分类为基础。后者是为与国际接轨，便于国际学术交流及体现我国特色研发的土壤系统分类，现积极应用于科学研究、教学和生产实践等方面。

一、中国土壤分类系统

现行中国土壤分类系统是以土壤发生学为理论基础，充分利用第一次和第二次全国土壤普查的数据资料，综合考虑每个土壤类型的成土条件、成土过程和土壤剖面形态特征及土壤属性，由全国第二次土壤普查办公室为汇总第二次全国土壤普查成果编撰并经相关专家反复讨论拟定的统一分类系统。

（一）分类等级

现行中国土壤分类系统分为 7 级，高级分类包括土纲、亚纲、土类、亚类；低级或基层分类包括土属、土种和变种，其中高级分类中土纲 12 个，亚纲 30 个，土类 61 个，亚类 233 个。

土纲 土纲是土壤重大属性差异的归纳和概括，反映了土壤不同发育阶段中土壤物质移动累积所引起的重大属性差异。如铁铝土纲，是在高温高湿条件下，以脱硅富铝化过程为主导成土过程，土壤中以三、二氧化物和 1∶1 型高岭石类黏土矿物为主的一类土壤，如砖红壤、赤红壤、红壤、黄壤等归为同一土纲。

亚纲 是土纲的续分，根据同一土纲中土壤形成的水热条件、岩性和土壤属性的重大差异划分。如铁铝土纲根据热量条件差异分成湿热铁铝土亚纲和湿暖铁铝土亚纲；初育土纲根据岩性特征分成土质初育土亚纲和石质初育土亚纲。

土类 土类是高级分类中的基本单元，相对稳定。土类是根据成土条件、成土过程和由此发生的土壤属性三者的统一和综合进行划分的。同一土类的土壤成土条件、主导成土过程、主要土壤属性和肥力特征及改良利用方向相同。如红壤具有红、酸、黏、瘦、板等特性，改良利用方向是提高土壤有机质含量、中和酸性和增加速效养分。盐土含较高易溶性盐，改良利用方向是合理灌溉，淋洗盐分。

亚类 亚类是土类的续分，反映土壤主导形成过程以外，还有其他附加成土过程。若一个土类具有特定成土条件下的主导成土过程，则为该土类下的典型亚类，若一个土类除了具有特定成土条件下的主导成土过程外，还具有另外土类的成土过程则为一土类向另一土类过渡的亚类。如红壤的主导成土过程是富铝化过程，典型亚类是（典型）红壤；而随地形升高，温度湿度的变化，土壤除有富铝化过程，还有附加的弱的黄化过程，根据这一附加的或次要的成土过程划分为红壤向黄壤过渡亚类，即黄红壤。

中国土壤分类系统中的高级分类见表3-1。

表3-1 中国土壤分类系统高级分类表（全国土壤普查办公室，1998）

土纲	亚纲	土类	亚类
铁铝土	湿热铁铝土	砖红壤	砖红壤、黄色砖红壤
		赤红壤	赤红壤、黄色赤红壤、赤红壤性土
		红壤	红壤、黄红壤、棕红壤、山原红壤、红壤性土
	湿暖铁铝土	黄壤	黄壤、漂洗黄壤、表潜黄壤、黄壤性土

（续表）

土纲	亚纲	土类	亚类
淋溶土	湿暖淋溶土	黄棕壤	黄棕壤、暗黄棕壤、黄棕壤性土
		黄褐土	黄褐土、黏磐黄褐土、白浆化黄褐土、黄褐土性土
	湿温暖淋溶土	棕壤	棕壤、白浆化棕壤、潮棕壤、棕壤性土
	湿温淋溶土	暗棕壤	暗棕壤、白浆化暗棕壤、草甸暗棕壤、潜育暗棕壤、暗棕壤性土
		白浆土	白浆土、草甸白浆土、潜育白浆土
	湿寒温淋溶土	棕色针叶林土	棕色针叶林土、灰化棕色针叶林土、表潜棕色针叶林土
		漂灰土	漂灰土、暗漂灰土
		灰化土	灰化土
半淋溶土	半湿热半淋溶土	燥红土	燥红土、褐红土
	半湿温暖半淋溶土	褐土	褐土、石灰性褐土、淋溶褐土、潮褐土、燥褐土、塿土、褐土性土
	半湿温半淋溶土	灰褐土	灰褐土、暗灰褐土、淋溶灰褐土、石灰性灰褐土、灰褐土性土
		黑土	黑土、草甸黑土、白浆化黑土、表潜黑土
		灰色森林土	灰色森林土、暗灰色森林土
钙层土	半湿温钙层土	黑钙土	黑钙土、淋溶黑钙土、石灰性黑钙土、草甸黑钙土、盐化黑钙土、碱化黑钙土
	半干温钙层土	栗钙土	暗栗钙土、栗钙土、淡栗钙土、草甸栗钙土、盐化栗钙土、碱化栗钙土、栗钙土性土
	半干温暖钙层土	栗褐土	栗褐土、淡栗褐土、潮栗褐土
		黑垆土	黑垆土、黏化黑垆土、潮黑垆土、黑麻土
干旱土	温干旱土	棕钙土	棕钙土、淡棕钙土、草甸棕钙土、盐化棕钙土、碱化棕钙土、棕钙土性土
	暖温干旱土	灰钙土	灰钙土、淡灰钙土、草甸灰钙土、盐化灰钙土

土纲	亚纲	土类	亚类
漠土	温漠土	灰漠土	灰漠土、钙质灰漠土、草白灰漠土、盐化灰漠土、碱化灰漠土、灌耕灰漠土
	温暖漠土	灰棕漠土	灰棕漠土、石膏灰棕漠土、石膏盐磐灰棕漠土、灌耕灰棕漠土
		棕漠土	棕漠土、盐化棕漠土、石膏棕漠土、石膏盐磐棕漠土、灌耕棕漠土
初育土	土质初育土	黄绵土	黄绵土
		红黏土	红黏土、积钙红黏土、复盐基红黏土
		冲积土	饱和冲积土、不饱和冲积土、石灰性冲积土
		新积土	新积土、珊瑚砂土
		龟裂土	龟裂土
		风沙土	荒漠风沙土、草原风沙土、草甸风沙土、滨海沙土
		石灰（岩）土	红色石灰土、黑色石灰土、棕色石灰土、黄色石灰土
		火山灰土	火山灰土、暗火山灰土、基性岩火山灰土
	石质初育土	紫色土	酸性紫色土、中性紫色土、石灰性紫色土
		磷质石灰土	磷质石灰土、硬磐磷质石灰土，盐渍磷质石灰土
		石质土	酸性石质土、中性石质土、钙质石质土、含盐石质土
		粗骨土	酸性粗骨土、中性粗骨土、钙质粗骨土、硅质粗骨土
半水成土	暗半水成土	草甸土	草甸土、石灰性草甸土、白浆化草甸土、潜育草甸土、盐化草甸土、碱化草甸土
		砂姜黑土	砂姜黑土、石灰性砂姜黑土、盐化砂姜黑土、碱化砂姜黑土
	淡半水成土	山地草甸土	山地草甸土、山地草原草甸土、山地灌丛草甸土
		潮土	潮土、灰潮土、脱潮土、湿潮土、盐化潮土、碱化潮土、灌淤潮土
水成土	矿质水成土	沼泽土	沼泽土、腐泥沼泽土、泥炭沼泽土、草甸沼泽土、盐化沼泽土
	有机水成土	泥炭土	低位泥炭土、中位泥炭土、高位泥炭土

土纲	亚纲	土类	亚类
盐碱土	盐土	草甸盐土	草甸盐土、结壳盐土、沼泽盐土、碱化盐土
		漠境盐土	干旱盐土、漠境盐土、残余盐土
		滨海盐土	滨海盐土、滨海沼泽盐土、滨海潮滩盐土
		酸性硫酸盐土	酸性硫酸盐土、含盐酸性硫酸盐土
		寒原盐土	寒原盐土、寒原硼酸盐土、寒原草甸盐土、寒原化盐土
	碱土	碱土	草甸碱土、草原碱土、龟裂碱土、盐化碱土、荒漠碱土
人为土	人为水成土	水稻土	潴育水稻土、淹育水稻土、渗育水稻土、潜育水稻土、脱潜水稻土、漂洗水稻土、盐渍水稻土、咸酸水稻土
	灌耕土	灌淤土	灌淤土、潮灌淤土、表锈灌淤土、盐化灌淤土
		灌漠土	灌漠土、灰灌漠土、潮灌漠土、盐化灌漠土
高山土	湿寒高山土	高山草甸土	高山草甸土、高山草原草甸土、高山灌丛草甸土、高山湿草甸土
		亚高山草甸土	亚高山草甸土、亚高山草原草甸土、亚高山灌丛草甸土、亚高山湿草甸土
	半湿寒高山土	高山草原土	高山草原土、高山草甸草原土、高山荒漠草原土、高山盐渍草原土
		亚高山草原土	亚高山草原土、亚高山草甸草原土、亚高山荒漠草原土、亚高山盐渍草原土
		山地灌丛草原土	山地灌丛草原土、山地淋溶灌丛草原土
	干寒高山土	高山漠土	高山漠土
	寒冻高山土	亚高山漠土	亚高山漠土
		高山寒漠土	高山寒漠土

土属 根据成土母质类型、岩性及区域水分条件、盐分类型等因素的差异进行划分。不同土类或亚类，划分土属的具体标准有所不同。如红壤、黄壤可按基性岩类、酸性岩类、砂岩类、石英岩类、页岩类等划分土属；盐土根据盐分类型可划分为硫酸盐盐土、硫酸盐–氯化物盐土、氯化物盐

土、氯化物-硫酸盐盐土等。

土种 低级分类单元，处于一定的景观部位，具有相似土体构型和母质类型的一群土壤。同一土种具有一定的稳定性，在短期内不会改变土种，主要反映了土属范围内量上的差异，而不是质的差异。一般依据土层厚度、有机质含量、盐分含量、土体质地构型等划分土种。如山地土壤根据土层厚度，分为薄层（＜30 cm）、中层（30~60 cm）和厚层（＞60 cm）3 个土种；土层相对深厚的平原冲积或洪冲积土壤，按 1 m 土体的质地层次排列可划分为均质型、夹层型、身型、底型 4 种构型。如均质型指 1 m 土体为同一质地类型，夹层型指土体 30~50 cm 处夹有＞20 cm 厚的另一质地类型，身型指 30~100 cm 为另一质地类型，底型指 60 cm 以下为另一质地类型。

变种 是土种范围内的变化，一般以表土层或耕作层的某些差异来划分，如表土层质地、砾石含量等，对于土壤耕作影响大。

该分类系统的高级分类单元主要反映土壤在发生学方面的差异，而低级分类单元则主要考虑土壤在生产利用方面的不同。高级分类用于小比例尺的土壤调查制图，反映土壤的地带性分布规律；低级分类用于大、中比例尺的土壤调查制图，为土壤资源的合理开发利用提供依据。

（二）命名原则

中国现行的土壤分类系统采用连续命名与分段命名相结合的方法。土纲和亚纲为一段，以土纲名称为基本词根，加形容词或副词前缀构成亚纲名称，如湿热铁铝土，土纲名称"铁铝土"，在土纲名前加上"湿热"构成亚纲名称"湿热铁铝土"。土类和亚类为一段，以土类名称为基本词根，加形容词或副词前缀构成亚类名称，如黄红壤；土属名称不能自成一段，多与土类、亚类连用，如麻砂泥黄红壤；土种和变种名称也不能自成一段，必须与土类、亚类、土属连用，如黏壤质（变种）厚层乌麻砂泥红壤（土种）。

二、中国土壤系统分类

《中国土壤系统分类》1984 年由中国科学院南京土壤研究所牵头，30 多家高等院校和研究所参与，参照和吸收各国尤其是美国土壤系统分类的理论原则、方法、某些概念和经验，再结合我国土壤特色，设计以土壤本身性质为分类标准的定量化分类系统。经过反复修订在 2001 年完成的第三版《中国土壤系统分类》中拟订了 11 个诊断表层，20 个诊断表下层，2 个其他诊断层和 25 个诊断特性。直接引用美国系统分类的诊断层和诊断特性分别有 36.4% 和 31.0%，引进概念加以修订完善的诊断层和诊断特性分别有 27.2% 和 32.8%，而有 36.4% 诊断层和 36.2% 诊断特性是新提出的。

（一）分类依据

中国土壤系统分类是定量化的分类系统，以诊断层和诊断特性为基础，并有一个检索系统，把定量指标落实到具体土壤类型上。

诊断层　用以识别土壤类别、在性质上有一系列定量说明的土层。诊断层又细分为诊断表层和诊断表下层。

诊断表层　是指位于单个土体最上部的诊断层。它并非发生层中 A 层的同义语，而是广义的"表层"。既包括狭义的 A 层；也包括 A 层及由 A 层向 B 层过渡的 AB 层。

诊断表层分为 4 大类 11 个：有机物质表层类（有机表层、草毡表层）、腐殖质表层类（暗沃表层、暗瘠表层、淡薄表层）、人为表层类（灌淤表层、堆垫表层、肥熟表层、水耕表层）和结皮表层（干旱表层和盐结壳）。

诊断表下层　是在土壤表层以下，由物质的淋溶、迁移、淀积或就地富集等作用所形成的具有诊断意义的土层。

20 个诊断表下层：漂白层、舌状层、雏形层、铁铝层、低活性富铁层、聚铁网纹层、灰化淀积层、耕作淀积层、水耕氧化还原层、黏化层、黏磐、碱积层、超盐积层、盐磐、石膏层、超石膏层、钙积层、超钙积层、钙磐和磷磐。

其他 2 个诊断层为盐积层和含硫层，它们既可出现在表层，也可出现在表土以下。

诊断特性　是指如果用于分类目的的不是土层，而是具有定量规定的土壤性质（形态的、物理的、化学的）。诊断特性所体现的土壤性质并非一定为某一土层所特有，大多数诊断特性是泛土的或非土的，例如，潜育特征可单见于 A 层、B 层或 C 层，也可见于 A 和 B 层，或 B 和 C 层，或全剖面各层。

25 个诊断特性：有机土壤物质、岩性特征、石质接触面、准石质接触面、人为淤积物质、变性特征、人为扰动层次、土壤水分状况、潜育特征、氧化还原特征、土壤温度状况、永冻层次、冻融特征、n 值、均腐殖质特性、腐殖质特性、火山灰特性、铁质特性、富铝特性、铝质特性、富磷特性、钠质特性、石灰性、盐基饱和度及硫化物物质。

诊断现象　是指在性质上已发生明显变化，不能完全满足诊断层或诊断特性规定的条件。但在土壤分类上具有重要意义的土壤性状，可作为划分土壤类别的依据。

20 个诊断现象：有机现象、草毡现象、灌淤现象、堆垫现象、肥熟现象、水耕现象、舌状现象、聚铁网纹现象、灰化淀积现象、耕作淀积现象、水耕氧化还原现象、碱积现象、石膏现象、钙积现象、盐积现象、变性现象、潜育现象、富磷现象、钠质现象和铝质现象等。

（二）分类等级

第三版《中国土壤系统分类》分类等级包括土纲、亚纲、土类、亚类、土族、土系六级，其中高级分类等级中土纲 14 个、亚纲 39 个、土类 138 个、亚类 588 个。

土纲　根据主要成土过程产生的或影响主要成土过程的性质（诊断层或诊断特性）划分。14 个土纲检索简表见表 3-2。

表 3-2　中国土壤系统分类中 14 个土纲检索简表

诊断层和/或诊断特性	土纲（order）
1. 有下列之一的有机土壤物质 [（土壤有机碳含量 ≥ 180 g/kg）或 ≥120 g/kg）+（黏粒含量 g/kg×0.1）]：覆于火山物质之上和/或填充其间，且石质或准石质接触面直接位于火山物质之下；或土表至 50 cm 范围内，其总厚度 ≥40 cm（含火山物质）；或其厚度 ≥2/3 的土表至石质或准石质接触面总厚度，且矿质土层总厚度 ≤10 cm；或经常被水饱和，且上界在土表至 40 cm 范围内，其厚度 ≥40 cm（高腐或半腐物质，或苔藓纤维 <3/4）或 ≥60 cm（苔藓纤维 ≥3/4）	有机土（histosols）
2. 其他土壤中，有水耕表层和水耕氧化还原层；或肥熟表层和磷质耕作淀积层；或灌淤表层；或堆垫表层	人为土（anthrosols）
3. 其他土壤中，在土表下 100 cm 范围内有灰化淀积层	灰土（spodosols）

（续表）

诊断层和/或诊断特性	土纲 （order）
4. 其他土壤中，在土表至 60 cm 或至更浅的石质接触面范围内 60% 或更厚的土层具有火山灰特性	火山灰土 （andosls）
5. 其他土壤中，在上界土表至 150 cm 范围内有铁铝层	铁铝土 （ferralosols）
6. 其他土壤中，土表至 50 cm 范围内黏粒含量≥30%，且无石质或准石质接触面，土壤干燥时有宽度＞0.5 cm 的裂隙，土表至 100 cm 范围内有滑擦面或自吞特征	变性土 （vertosols）
7. 其他土壤中，有干旱表层和上界在土表至 100 cm 范围内的下列任一诊断层：盐积层、超盐积层、盐盘、石膏层、超石膏层、钙积层、超钙积层、钙盘、黏化层或雏形层	干旱土 （aridosols）
8. 其他土壤中，土表至 30 cm 范围内有盐积层，或土表至 75 cm 范围内有碱积层	盐成土 （halosols）
9. 其他土壤中，土表至 50 cm 范围内有一厚度＞10 cm 土层具潜育特征	潜育土 （gleyosols）
10. 其他土壤中，有暗沃表层和均腐殖质特性，且矿质土表之下到 180 cm 或至更浅的石质或准石质接触面范围内盐基饱和度≥50%	均腐土 （isohumosols）
11. 其他土壤中，土表至 125 cm 范围内有低活性富铁层	富铁土 （ferrosols）
12. 其他土壤中，土表至 125 cm 范围内有黏化层或黏盘	淋溶土 （argosols）
13. 其他土壤中有雏形层；或矿质土表至 100 cm 范围内有如下任一诊断层：漂白层、钙积层、超钙积层、钙盘、石膏层、超石膏层；或矿质土表下 20～50 cm 范围内有一土层（≥10 cm 厚）的 n 值＜0.7；或黏粒含量＜80 g/kg，并有有机表层；或暗沃表层；或暗瘠表层；或有永冻层和矿质土表至 50 cm 范围内有滞水土壤水分状况	雏形土 （cambisols）
14. 其他土壤	新成土 （primosols）

亚纲 是土纲的辅助级别，主要根据影响现代成土过程的控制因素所反映的性质（水分、温度状况和岩性特征）划分。

土类 是亚纲的续分，根据反映主要成土过程强度或次要成土过程或次要控制因素的表现性质划分。

亚类 是土类的辅助级别，主要根据是否偏离中心概念、是否具有附加过程的特性和母质残留的特性划分，代表中心概念的亚类为普通亚类，具有附加过程特性的亚类为过渡性亚类，如灰化、漂白、黏化、龟裂、潜育、斑纹、表蚀、耕淀、堆垫、肥熟等；具有母质残留特性的亚类为继承亚类，如石灰性、酸性、含硫等。

土族　是土壤系统分类的基层分类单元。它是亚类的续分。土族的主要鉴别特征是剖面控制层段的土壤颗粒大小级别，不同颗粒级别的土壤矿物组成类型、土壤温度状况、石灰性与土壤酸碱性、盐碱特性及其他特性等。不同类型土壤划分土族的依据及指标可以不同。

土系　是土壤系统分类中最基层或最低级别的分类单元，是发育在相同母质上、处于相同景观部位、具有相同土体构型和相似土壤属性的聚合土体，土壤生产利用的适宜性能大体一致。其划分依据应主要考虑土族内影响土壤利用的性质差异，以影响利用的表土特征和地方性分异为主。

（三）命名原则

中国土壤系统分类命名采用分段连续命名。即土纲、亚纲、土类、亚类为一段，土纲名称一般为 3 个汉字，亚纲为 5 个汉字，土类为 7 个汉字，亚类为 9 个汉字。个别类别由于性质术语超过 2 个汉字或采用复合名称时可略高于上述数字。若为复合亚类，则在两个亚类形容词之间加连接号"-"，如石膏-磐状盐积正常干旱土。土族命名在亚类名称前冠以土族主要分异特性（颗粒大小级别、矿物组成、土壤温度状况等）连续命名，例如，黏质高岭普通强育湿润富铁土，黏质高岭混合型普通强育湿润富铁土，粗骨-黏质高岭普通强育湿润富铁土等。土系则另列一段单独命名。土系命名可选用该土系代表性剖面点位或首次描述该土系的所在地的标准地名命名，或以地名加上控制土层的优势质地定名，如陈集系或陈集黏土系等。

三、中国土壤系统分类与中国土壤地理发生分类体系参比

鉴于当前国内土壤地理发生分类和系统分类并存，前者代表着历史积淀，后者代表着定量化分类的方向，因此这两个系统的参比具有现实意义。因为分类的依据不同，从严格意义上，这两个系统很难作简单的比较，然而作近似的参比还是可以，但必须注意不管两个系统的分类原则和方法有怎样不同，只要掌握有关分类单元的具体土壤剖面的数据资料，即可进行参比。其次两者参比时，主要以发生分类的土类与系统分类的亚纲或土类进行比较，而且只能以土类概念或典型亚类进行参比。具体见表 3-3。

表 3-3　我国土壤地理发生分类和系统分类的近似参比

土壤地理 发生分类	主要土壤系统 分类类型	土壤地理 发生分类	主要土壤系统 分类类型
砖红壤	暗红湿润铁铝土 简育湿润铁铝土 富铝湿润富铁土 黏化湿润富铁土 铝质湿润雏形土 铁质湿润雏形土	黄壤 燥红土	铝质常湿淋溶土 铝质常湿雏形土 富铝常湿富铁土 铁质干润淋溶土 铁质干润雏形土 简育干润富铁土 简育干润变性土
赤红壤	强育湿润富铁土 富铝湿润富铁土 简育湿润铁铝土	黄棕壤	铁质湿润淋溶土 铁质湿润雏形土 铝质常湿雏形土
红壤	富铝湿润富铁土 黏化湿润富铁土 铝质湿润淋溶土 铝质湿润雏形土	黄褐土 棕壤	黏磐湿润淋溶土 铁质湿润淋溶土 简育湿润淋溶土
褐土	简育湿润雏形土 简育干润淋溶土 简育干润雏形土	灰棕漠土	简育正常干旱土 灌淤干润雏形土 石膏正常干旱土
暗棕壤	冷凉湿润雏形土 暗沃冷凉淋溶土		简育正常干旱土 灌淤干润雏形土
白浆土	漂白滞水湿润均腐土 漂白冷凉淋溶土	棕漠土	石膏正常干旱土 盐积正常干旱土
灰棕壤	冷凉常湿雏形土 简育冷凉淋溶土	盐土	干旱正常盐成土 潮湿正常盐成土
棕色针叶林土	暗瘠寒冻雏形土	碱土	潮湿碱积盐成土 简育碱积盐成土 龟裂碱积盐成土
漂灰土	暗瘠寒冻雏形土 漂白冷凉淋溶土 正常灰土	紫色土	紫色湿润雏形土 紫色正常新成土
灰化土	腐殖灰土 正常灰土	火山灰土	简育湿润火山灰土 火山渣湿润正常新成土
灰黑土	黏化暗厚干润均腐土 暗厚黏化湿润均腐土 暗沃冷凉淋溶土	黑色石灰土	黑色岩性均腐土 腐殖钙质湿润淋溶土
灰褐土	简育干润淋溶土 钙积干润淋溶土 黏化简育干润均腐土	红色石灰土	钙质湿润淋溶 钙质湿润雏形土 钙质湿润富铁土
黑土	简育湿润均腐土 黏化湿润均腐土	磷质石灰土	富磷岩性均腐土 磷质钙质湿润雏形土

土壤地理 发生分类	主要土壤系统 分类类型	土壤地理 发生分类	主要土壤系统 分类类型
黑钙土	暗厚干润均腐土 钙积干润均腐土	黄绵土	黄土正常新成土 简育干润雏形土
栗钙土	简育干润均腐土 钙积干润均腐土 简育干润雏形土	风砂土	干旱砂质新成土 干润砂质新成土
黑垆土	堆垫干润均腐土 简育干润均腐土	粗骨土	石质湿润正常新成土 石质干润正常新成土 弱盐干旱正常新成土
棕钙土	钙积正常干旱土 简育正常干旱土	草甸土	暗色潮湿雏形土 潮湿寒冻雏形土 简育湿润雏形土
灰钙土	钙积正常干旱土 黏化正常干旱土	沼泽土	有机正常潜育土 暗沃正常潜育土 简育正常潜育土
灰漠土 泥炭土 潮土 砂姜黑土	钙积正常干旱土 正常有机土 淡色潮湿雏形土 底锈干润雏形土 砂姜钙积潮湿变性土 砂姜潮湿雏形土	水稻土	潜育水耕人为土 铁渗水耕人为土 铁聚水耕人为土 简育水耕人为土 除水耕人为土以外其他 类别中的水耕亚类
亚高山草甸土 和高山草甸土	草毡寒冻雏形土 暗沃寒冻雏形土	墣土	土垫旱耕人为土
亚高山草原土 和高山草原土	钙积寒性干旱土 黏化寒性干旱土 简育寒性干旱土	灌淤土	寒性灌淤旱耕人为土 灌淤干润雏形土 灌淤湿润砂质新成土 淤积人为新成土
高山漠土	石膏寒性干旱土 简育寒性干旱土	菜园土	肥熟旱耕人为土 肥熟灌淤旱耕人为土 肥熟土垫旱耕人为土 肥熟富磷岩性均腐土
高山寒漠土	寒冻正常新成土		

四、典型土壤类型同时用土壤地理发生分类和系统分类命名案例

案例一：江西省宜春市上高县蒙山镇楼下村水稻土

【成土条件】

气候：中亚热带季风气候，年平均日照时数为 1 668.2 h；年平均气温

为 17.6 ℃（50 cm 深度土温：18.5 ℃），平均年降水量为 1 718.4 mm；无霜期达 276 天。

种植作物与轮作制度：双季稻。

地形：丘陵坡麓山脚垄田，海拔 60 m。

母质：冲积物。

母岩：砂岩。

【剖面形态特征】

耕作层（Ap1）：0~17 cm，润态颜色 5Y·4/1，多量水稻根系，质地壤土，孔隙度很高，团粒状结构，结持性疏松，有中量中等大小的铁斑纹，位于根结构体表面，pH 值为 5.2，层次过渡清晰平滑（图 3-1）。

犁底层（Ap2）：17~24 cm，润态颜色 2.5YR·4/1，多量水稻根系，质地壤土，片状结构，结持性很坚实，结构体表面有少量铁锰斑纹，极少量瓦片侵入体，pH 值为 5.7，层次过渡清晰平滑（图 3-1）。

潜育层（Bg1）：24~61 cm，润态颜色 2.5Y·5/4，少量细根，质地壤土，团块状结构，结持性坚实，结构体表面有多量中等大小的铁锰斑纹和黏粒胶膜，pH 值为 6.2，层次过渡清晰平滑（图 3-1）。

潜育层（Bg2）：61~120 cm，润态颜色 5Y·6/1，质地壤土，团块状结构，结持性坚实，结构体表面极少铁锰斑纹，结构体表面黏粒胶膜较多，pH 值为 6.5（图 3-1）。

土壤主要成土过程：水耕熟化过程、潜育化过程

【土壤地理发生学命名】土纲：人为土。亚纲：人为水成土。土类：水稻土。亚类：潜育水稻土。土属：潜育砂泥田。土种：厚层乌潜育砂泥田。

【土壤系统分类命名】土纲：人为土。亚纲：水耕人为土。土类：潜育水耕人为土。亚类：铁渗潜育型水耕人为土。土族：壤质混合型酸性铁渗潜育型水耕人为土。土系：蒙山系。

【命名依据】长期种植水稻，属于垄田，地下水位较高，潜育层出现 60 cm 以上，水耕表层质地为粉（砂）质壤土，其中粉粒含量 70% 以上，pH 值 5.2~6.5，有机质含量 19~40 g/kg。水耕表层土壤阳离子交换量为 13.2~15.9 cmol（+）/kg，全氮、有效磷、速效钾含量分别为（2.0±0.71）g/kg、（12.2±1.13）mg/kg 和（67.8±16.7）mg/kg。细土部分黏粒

含量 43.1%，颗粒大小级别均为"壤质"。依据矿质土壤矿物学类型检索为"混合型"。耕层 pH 值小于 5.5，为"酸性"。50 cm 深度土温为 17.0 ℃，为"热性"。

【生产性能综述】潜育红泥田土壤有效土层较厚，耕作层厚，质地黏重，地下水位高，土壤有机质含量偏高，偏酸性，长期滞水使其存在潜育层。土壤潜在肥力较高。开沟、排水是改造这一类田的根本措施，同时改良酸性，增施磷钾肥料。

图 3-1　厚层乌潜育砂泥田（壤质混合型酸性铁渗潜育型水耕人为土）

案例二：江西省宜春市上高县田心镇新田村红壤

【成土条件】

气候：中亚热带季风气候，年平均日照时数为 1 668.2 h；年平均气温为 17.6 ℃（50 cm 深度土温：18.0 ℃），平均年降水量为 1 718.4 mm；无霜期达 276 天。

种植作物：脐橙果园。

地形：低丘漫岗，海拔 96 m。

母质：第四纪红色黏土。

【剖面形态特征】

淋溶层（A）：0~10 cm，润态颜色黄红色（10YR·5/4），根系少量且粗细为中，类型为草本活根，质地重壤，孔隙度高，土壤结构形态为团块状，大小为很大，发育程度强，结持性疏松，pH 值为 6.18，层次过渡清晰平滑（图 3-2）。

淀积层（B）：10~31 cm，润态颜色黄红色（7.5YR·5/6），根系很少且粗细为中，质地重壤，孔隙度中，土壤结构形态为团块状，结持性坚实，有少量小的铁锰斑纹，位于结构体表面，有少量且中等大小的铁锰矿质瘤状结核，形状不规则，pH 值为 5.64，层次过渡清晰平滑（图 3-2）。

母质层（C）：31~125 cm，润态颜色黄红色（7.5YR·5/6），质地黏土，孔隙度低，土壤结构形态为团块状，结持性坚实，有很少量小的铁锰斑纹，位于结构体表面有很少量黏粒胶膜，有很少量且小的铁锰矿质瘤状结核，形状不规则，pH 值为 6.38（图 3-2）。

【主要成土过程】腐殖质积累过程、脱硅富铝化过程。

图 3-2　中层灰红泥质红壤（壤黏质混合型非酸性热性普通简育湿润富铁土）

【土壤发生学命名】土纲：铁铝土。亚纲：湿热铁铝土。土类：红壤。

亚类：红壤。土属：红泥质红壤。土种：中层灰红泥质红壤。

【土壤系统分类命名】土纲：富铁土。亚纲：湿润富铁土。土类：简育湿润富铁土。亚类：普通简育湿润富铁土。土族：壤黏质混合型非酸性热性普通简育湿润富铁土。土系：田心系。

【命名依据】果园种植脐橙，水耕表层质地为重壤–黏土，有机质和全氮含量分别为 21.0 g/kg 和 1.40 g/kg、全磷和全钾含量分别为 0.83 g/kg 和 13.0 g/kg，表层之下各层养分含量锐减，pH 值 5.6~6.4，土壤阳离子交换量为 10.8~12.2 cmol（+）/kg。细土部分黏粒含量 44.2%，颗粒大小级别均为"黏壤质"。依据矿质土壤矿物学类型检索为"混合型"。pH 值大于 5.5，为"非酸性"。50 cm 深度土温为 18.0 ℃，为"热性"。

【生产性能综述】土壤肥力较低，质地黏重，易板结，灌溉水难以保证，生产性能较低。建议完善灌溉设施的同时，扩大有机肥源，养畜积肥、种植绿肥和秸秆还地，培育土壤肥力。

第二篇

理论案例篇

第四章　土壤铁铝土纲共同特性及
红壤改良利用案例

  铁铝土广泛分布于中国的亚热带与热带，北起长江南至南海诸岛，东起东南沿海和台湾诸岛西到横断山脉南缘，包括粤、桂、闽、赣、湘、鄂、皖、苏、浙、川、滇、台、琼及西藏的东南部。北纬22°以南，主要的土类为砖红壤，分布在我国的广东雷州半岛、海南、滇南及台南等地区；北纬22°~25°，主要的土类为赤红壤，分布在南岭山脉以南（广东西部和东南部、广西西南部、福建东南部、台湾云南部分地区）；北纬25°~31°，主要的土类为红壤和黄壤，分布在大巴山和长江以南地区，其中，红壤主要分布于江南丘陵和云贵高原，黄壤主要分布在贵州高原和四川盆地。铁铝土总面积102万 km^2，是我国热带与亚热带的稻、棉及经济作物、水果等重要产区。

  铁铝土分布在我国水热条件最优越的地区，所处地形又以低山、丘陵、台地为主，故其开发利用价值高，是我国极为重要的土壤资源。铁铝土的形成特点是在高温与高湿的气候条件下，母岩发生强烈地球化学风化，土壤中进行脱硅富铝化过程，黏土矿物以高岭石和铁、铝氧化物为主，土体中原生矿物和可蚀变矿物已经很少，土壤酸性强。

  黄壤因发育于相对湿凉地区，富铝化过程相对较弱，独具"黄化"过程和较强的生物富集。

一、成土条件

  黄壤、红壤、赤红壤、砖红壤由于所处地带的水热条件不同，其富铝化过程的强度或阶段不同，由红壤向砖红壤的演替，土壤脱硅富铝化过程依次加强，并导致黏土矿物的风化加深与组成的变异，铁活化度增加和铝的富集，土壤 pH 值、盐基饱和度、阳离子交换量则相应降低，土壤有机质含量有所增加。

　　红壤是在中亚热带湿热气候常绿阔叶林植被条件下，发生脱硅富铝过程和生物富集作用发育而成的红色、铁铝富集、酸性、盐基高度不饱和的铁铝土。黄壤是亚热带暖热阴湿常绿阔叶林和常绿落叶阔叶混交林下，氧化铁高度水化的土壤，黄化过程明显，富铝化过程相对较弱，具有枯枝落叶层、暗色腐殖层和鲜黄色富铁铝 B 层的湿暖铁铝土。砖红壤是在热带雨林或季雨林下，发生强度富铝化和生物富集过程，具有枯枝落叶层、暗红棕色表层和砖红色铁铝残积 B 层的强酸性的铁铝土。

二、主要成土过程

（一）脱硅富铝化过程

　　在热带、亚热带高温高湿条件下，铝硅酸盐矿物强烈分解，释放出大量的盐基，并形成游离硅酸和铁、铝氧化物；在中性风化液中，盐基和硅酸均可移动而遭到淋溶，而难移动的铁、铝氧化物则相对富集起来，甚至形成铁盘或聚铁网纹层。这种因脱硅引起的铁、铝相对富集过程，称为脱硅富铝化过程。

（二）生物富集过程

　　在中亚热带常绿阔叶林的作用下，红壤中物质的生物循环过程十分强烈，生物和土壤之间物质和能量的转化和交换极其快速，表现特点是在土壤中形成了大量的凋落物和加速了养分循环的周转。在中亚热带高温多雨条件下，常绿阔叶林每年有大量有机质归还土壤：每年常绿阔叶林的生物量约 40 t/hm²，温带阔叶林的生物量 8~10 t/hm²。中国红壤地区的常绿阔叶林对元素的吸收与生物归还作用强度较大，其中钙镁的生物归还率一般在200 以上。同时，土壤中的微生物也以极快的速度矿化分解凋落物，使各种元素进入土壤，从而大大加速了生物和土壤的养分循环并维持较高水平而表现强烈的生物富集作用。

三、基本理化性质

红壤有机质含量通常在 20 g/kg 以下，其中表层有机质含量多在 10~50 g/kg；腐殖质 HA/FA 为 0.3~0.4，胡敏酸分子结构简单、分散性强，红壤水稳性结构体差。红壤富铝化作用显著，风化程度深，质地较黏重，尤其第四纪红色黏土发育的红壤，黏粒含量可达 40% 以上，且黏粒有淋溶淀积现象。质地与成土母质有关。红壤呈酸性至强酸性反应，pH 值 4.5~6.0。红壤交换性铝占潜在酸的 80%~95%，其变化趋势是红壤性土＞红壤＞黄红壤＞棕红壤。由于大量盐基淋失，盐基饱和度很低。黏粒的 SiO_2/Al_2O_3 为 2.0~2.4，黏土矿物以高岭石为主，一般可占黏粒总量的 80%~85%，赤铁矿 5%~10%，少量蛭石、水云母，少见三水铝石；阳离子交换量不高 [15~25 cmol（+）/kg]，对磷的固定较强。红壤的有效阳离子交换量（ECEC）很低。有机质少，氮素缺乏；无机磷的闭蓄态磷占一半以上，而非闭蓄态磷以铁磷为主，因此有效性低，属于严重缺磷的土壤。速效钾的含量一般属中等水平；盐基元素大量淋失，钙、镁含量不高。

黄壤因富铝化过程较弱，黏粒硅铝率为 2.0~2.5，硅铁铝率 2.0 左右；黏土矿物以蛭石为主，高岭石、伊利石次之，亦有少量三水铝石出现。因黄化和弱富铝化过使土体呈黄色而独具鲜黄铁铝 B 层。由于中度风化和强度淋溶，黄壤呈酸性至强酸性反应，pH 值 4.5~5.5。交换性酸 5~10 cmol（+）/kg 土，最高达 17 cmol（+）/kg 土；交换性酸以活性铝为主，交换性铝占交换性酸的 88%~99%。土壤交换性盐基含量低，B 层盐基饱和度小于 35%；开垦耕种后的黄壤盐基饱和度提高，表层可达 100%。因湿度大，黄壤表层有机质含量可达 50~200 g/kg，较红壤高 1~2 倍，且螯合淋溶较强，表层以下淀积层亦在 10 g/kg 左右，腐殖质组成以富里酸为主，HA/FA 0.3~0.5；开垦耕种后表层有机质可急剧下降至 20~30 g/kg，而盐基饱和度和酸碱度均相应提高。黄壤质地一般较黏重，多黏土、黏壤土；加上有机质含量高，阳离子交换量可达 20~40 cmol（+）/kg。

砖红壤在铁铝土中的原生矿物分解最彻底，盐基淋失最多，硅迁移量最高，铁铝聚集最明显。砖红壤黏粒的硅铝率（1.5~1.8）、硅铁铝率最小（1.1~1.5），黏土矿物 63%~80% 为高岭石，其余为三水铝石和赤铁矿。土壤质地黏重，土层（风化层）深厚。黏粒含量多在50%以上，且红色风化层可达数米乃至十几米，一般土体厚度多在3 m以上。强酸性反应。由于盐基大量淋失，交换性盐基只有0.34~2.6 cmol（+）/kg，土壤有效阳离子交换量低，B层黏粒的有效阳离子交换量仅为10.36 mL/kg左右，盐基饱和度多在20%以下。土中铁铝氧化物多，交换性酸总量2.5 cmol（+）/kg左右，交换性酸以活性铝为主，交换性铝占交换性酸的90%以上，土壤呈强酸性，pH值4.5~5.4。植被茂密的砖红壤表土有机质含量可达50 g/kg以上，含氮1~2 g/kg，但腐殖质品质差，HA/FA为0.1~0.4，故不能形成水稳性有机团聚体。速效养分含量低，速效磷极缺。

四、亚类

铁铝土纲下设2个亚纲，分别为湿热铁铝土和湿暖铁铝土。其中湿热铁铝土下设砖红壤、赤红壤和红壤3个土类，湿暖铁铝土下设黄壤1个土类。砖红壤下设典型砖红壤、黄色砖红壤、砖红壤性土3个亚类；赤红壤下设典型赤红壤、黄色赤红壤、赤红壤性土；红壤下设典型红壤、黄红壤、棕红壤、山原红壤、红壤性土；黄壤下设典型黄壤、表潜黄壤、黄壤性土。

五、利用和存在的问题

1. 红黄壤类土壤普遍存在酸、黏、瘦等障碍因素

红黄壤类土区，高温多雨，风化淋溶作用强（燥红土地区例外），土壤有机质矿化速度快，当自然植被破坏后，在耕种的条件下忽视有机肥的投入与精耕细作，土壤有机质明显下降，有效磷的铁铝固定明显加强，大多数微量元素进一步贫乏，因而质地黏重，物理性状恶化，耕性变差等进一步明显化。

2. 水土流失严重

据统计，中国红黄壤类地区，水土流失面积达60万 km²，占该地区地面积的30%。湖南省第二次土壤普查资料表明，全省红黄壤类土壤水土流失面积为4.4万 km²，被侵蚀的表土相当于每年损失53万 hm²耕地的耕层；江西省每年冲蚀表土16亿 t，因而土壤退化，地力减退。由于水土流失、季节性干旱和农业上的粗放经营，致使红黄壤区耕地中的低产田占66.4%，

其单产仅 $2\,000\sim3\,000\ kg/hm^2$。

六、改良措施

1. 合理施用石灰等碱性改良剂

石灰可以中和土壤的活性酸和潜性酸，生成氢氧化物沉淀，消除铝毒，迅速有效地降低酸性土壤的酸度，还能增加土壤中交换性钙的含量。并且为了防止施用石灰后土壤存在复酸化过程，石灰改良酸性土壤时应与其他碱性肥料（草木灰、火烧土等）配合使用。

2. 减施化肥并增施有机肥

氮肥的过量施用是酸化的主要原因，因逐步减少氮肥的施用量，增加有机肥施用量。有机肥通常为碱性，长期施用有机肥或将有机肥与化肥配合施用可以减缓土壤酸化，提高土壤的酸缓冲容量，提高土壤的抗酸化能力，同时能够培肥土壤，改善土壤的物理结构。

3. 种植绿肥，提高土壤有机质含量

冬种绿肥作为传统的培肥改土措施，不仅能补充土壤养分，提升土壤有机质，促进土壤中微生物的活动，而且可以提高作物产量和品质。

4. 推广测土配方施肥

根据采集化验土壤所得的各种养分的有效含量，因地制宜进行合理施肥，做到缺什么就施什么，差多少就补多少。这样不仅能显著降低化肥施用量，减轻因大量施用化肥对土壤造成的污染和酸化程度，还可以提高作物产量。

5. 优化耕作制度

由于长期种植单一植物，通过秸秆和籽粒带走的盐基离子得不到补充，会导致土壤离子的不平衡，从而加速土壤酸化。通过深耕翻土，增加耕层厚度和土壤的缓冲性能，减缓土壤的酸化；采取水旱轮作、间作套种等栽培模式，可以充分利用土壤中的各种养分，避免因连作而造成某种元素的缺失，缓解土壤酸化。

6. 控制酸雨

通过采用新型环保能源、高效农业废弃物处理技术或对酸量高的煤采用脱硫技术等措施来减少酸性气体的排出；通过对汽车进行技术改造以减

少尾气中 NO_x 的排放量。

七、红壤区酸化改良利用案例

案例一：红壤区酸化典型案例（以江西为例）

【背景】江西省全省耕地面积 $2.82×10^6 hm^2$，水稻为主要粮食作物，其中，水田 $2.27×10^6 hm^2$，占 80.5%；旱地 $5.49×10^5 hm^2$，占 19.5%。酸化问题已成为江西省农业生产的主要制约因素，因此明确近年来江西省土壤pH 值的变化趋势，能够为江西省土壤酸化制定防控措施提供依据和参考，为持续开展研究红壤区土壤酸化问题提供借鉴，更好地促进江西地区农业经济的可持续发展。

【材料与方法】本研究在谷歌学术、中国知网上搜集公开发表的 2010—2020 年关于"土壤酸化"的研究论文。研究必须满足以下条件：①土壤酸化研究的地域全部或部分是江西；②土地的利用方式主要针对耕地、园地（茶园和柑橘）和林地。对满足条件的研究数据进行提取，得到以下指标对土壤酸化有影响：土壤 pH 值、土壤交换性酸、土壤交换性铝、酸化速率、盐基饱和度、阳离子交换量、缓冲容量等。对于文献中以图片形式呈现的数据使用 Getdata 提取。

本案例收集到关于江西省土壤酸化现状的文章 46 篇，其中耕地 17 篇、茶园 17 篇、柑橘 7 篇、林地 5 篇。大部分文献只包括 pH 值的均值、样本量（无标准差）、酸化面积，因此本案例中图表数据无法给出统计分析。

【结果与分析】

1. 江西省农田土壤酸化现状

（1）江西省农田土壤 pH 值现状及酸化面积。2005—2012 年测土配方施肥期间，江西省全省的土壤平均 pH 值为 5.24（样本数为 11 062），与 1979—1983 年第二次土壤普查相比，pH 值平均值下降了 0.53。以吉水县和莲花县为例，2005—2012 年的平均 pH 值分别为 4.95、5.60，下降幅度分别为 1.24 和 0.4。同时，有文献表明，2007 年余江、2012 年进贤两地土壤 pH 值分别为 4.74 和 4.76，对比第二次土壤普查 pH 值数据下降幅度分别为 0.92 和 1.56。除莲花县外，其余 3 个县的土壤 pH 均值远低于江西省平均值（图 4-1）。

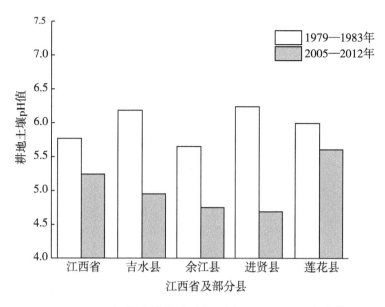

2005—2012 年样本数依次为江西省 $n = 11\ 062$，吉水县 $n = 7\ 320$，余江县 $n = 236$，进贤县 $n = 47$，莲花县不详。

图 4-1 江西省及部分县耕地 pH 值变化对比

江西省土壤不仅平均 pH 值呈现下降趋势，酸化土壤面积也在增加。近 30 年的时间中，江西省及下辖地级市赣州、南昌、鹰潭、上饶、吉安、抚州、萍乡、九江、景德镇、新余、宜春地区土壤 5 级 pH 值（4.5～5.5）所占面积比例除萍乡外均呈现出增加趋势，比第二次土壤普查时期分别增加 38.9%、77.6%、72.8%、80.2%、61.5%、51.4%、56.6%、31.7%、33.7%、0.45%、40.0%（图 4-2）。其中抚州、赣州、吉安、南昌、宜春和鹰潭的酸化土壤面积均占耕地总面积的 90% 以上。与第二次土壤普查相比，全省耕地酸化面积增加了 $3.2 \times 10^5\ \text{hm}^2$，占比增加了 7.48%，其中酸化土壤面积占比 98.7%（pH 值＜6.5），酸性强酸性土壤面积为 84.89%（pH 值＜5.5）。这一统计数据和江西省 2005—2014 年全国测土配方施肥土壤基础养分数据变化趋势相似，即江西省 91 个县（市、区）中有 98.9% 的土壤平均 pH 值低于 6.0，其中土壤平均 pH 值低于 5.5 的占 92.3%，有 18.7% 县（市、区）的 pH 值低于 5.0。因此，相对于其他省市，江西省耕地土壤酸化现象尤为严重。

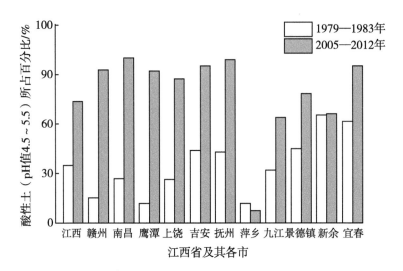

2005—2012 年各市样本数不详，但合计数为 11 062。

图 4-2　江西省及各市耕地酸性土占比

（2）江西省水田土壤酸化现状。江西省的主要粮食作物以水稻为主，水田面积占江西省耕地面积的 80.5%，水田土壤的酸化情况制约江西省农业经济的可持续发展。2007—2018 年江西省及下辖地级市、余江县和进贤县与该区域内第二次全国土壤普查时的水田土壤 pH 值对比，2007—2018 年（主要为测土配方时期）江西省赣州、南昌、鹰潭、上饶、吉安、抚州、萍乡、九江、景德镇、新余、宜春、余江县和进贤县 pH 值均呈下降趋势，下降幅度为 0.36~1.56，2005—2012 年江西全省水田 pH 平均值为 5.2，pH 值下降 0.6，酸化水田面积为 99.58%（pH 值＜6.5），酸性强酸性水田面积占 86.41%（pH 值＜5.5），与第二次土壤普查相比，全省酸化面积增加 $1.6 \times 10^5 \text{ hm}^2$，酸化面积占比增加 7.54%。同时，江西省 6 个国家耕地质量水田监测点的数据表明，1998 年和 2019 年对比，进贤、万年、兴国、上高、渝水、宜丰 6 个点位的 pH 值降低了 0.1~1.0 个单位（图 4-3）。

（3）江西省旱地土壤酸化现状。江西省旱地面积远小于水田面积，2005—2012 年其平均 pH 值为 5.4，旱地酸化面积为 90.65%（pH 值＜6.5），酸性强酸性旱地面积占 70.71%（pH 值＜5.5）。与第二次土壤普查相比，全省测土配方施肥时期旱地土壤 pH 均值下降了 0.4。2007 年余江县旱地土壤

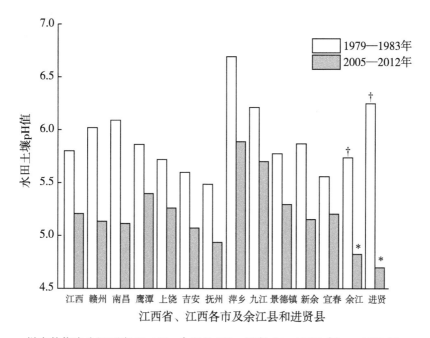

样本数依次为江西省 10 464，余江县 153，进贤 47。†1998 年，＊2019 年。

图 4-3　江西省、各市及余江县和进贤县水田 pH 值变化对比

pH 值平均下降了 0.83 个单位，江西省旱地土壤酸化面积增加 1.5×10^5 hm²，酸化面积占比增加 7.11%。同时，上高县国家耕地质量旱地监测点的数据表明，1998 年和 2019 年对比 pH 值降低了 1.0 个单位（图 4-4）。

（4）江西省耕地酸化原因。江西省耕地在近 30 年时间内呈现酸化趋势，土壤 pH 值下降 0.53 个单位，水田（pH 值下降 0.6 个单位）酸化程度大于旱地（pH 值下降 0.4 个单位），其中抚州、赣州、吉安、南昌、宜春和鹰潭 6 市土壤酸化严重，酸化面积达 90% 以上。江西进贤红壤长期定位试验表明 1985—2016 的 31 年间不同利用方式下红壤显著酸化，土壤 pH 值下降 0.32 个单位，年均约下降 0.01 个单位，酸化速度由高到低依次为杨梅园、水稻、栎树林、马尾松混交林、花生，研究结果进一步佐证了江西省土壤酸化且水田酸化程度大于旱地的事实。同时对土壤剖面层次的研究表明，不同植被显著影响 0～40 cm 土层酸碱度，其 pH 值显著低于 60～100 cm；土壤 pH 值（旱地作物花生除外）随土层（0～100 cm）深度增加呈显著增加趋势，其中水稻土壤 pH 值在各类型中最高，为 4.2～6.6。该研

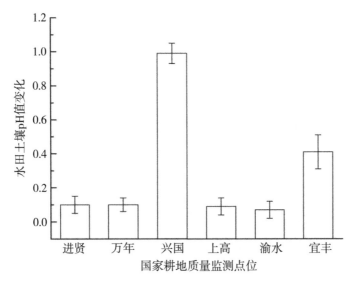

图 4-4 1998 年和 2019 年国家耕地质量监测点水田 pH 值变化

究数据丰富了江西省耕地表下层土壤的酸化数据，也提示研究者应该关注农田表下层土壤的酸化现状。江西省农田土壤酸化的原因除成土因素和地域特点造成其自然酸化外，更主要的原因是施肥不当和大气酸沉降，同时植物生长过程中带走盐基离子也会造成土壤酸化，不施肥条件下，植物吸收盐基离子会贡献土壤酸度变化的 1/3。江西省以种植水稻为主，如以双季稻的产量和施肥量计算产生的氢离子，由氮肥引起的氢离子增量占比约为74%，而每年由酸雨中的致酸离子硫酸根与硝酸根引起的土壤氢离子增量大概是施用生理酸性肥料引起土壤氢离子增量的 7%。鹰潭、进贤和千烟洲红壤试验区的长期定位试验表明，单施氮肥会造成土壤 pH 值显著降低，单施有机肥或有机肥无机肥配施可保持土壤 pH 值基本不变或升高。酸雨也和施肥密切相关，2003—2012 年 10 年间江西省鹰潭红壤区季风季节农田生态系统氮和硫的沉降研究表明，酸雨类型正向硫和氮混合型转化，氮沉降的主要形态是铵态氮（NH_4^+-N）及可溶性有机氮（DON），分别占总氮的 48.5%和 20.8%，而两者主要来源于氮肥。尽管水田有利于酸碱缓冲调节，但江西省水田酸化程度大于旱地，可能是省内主要以水稻种植为主，为保持水稻高产，长期保持较高的化肥施用量，但氮素的利用率不高导致水田土壤的酸化速度加快。江西省土壤酸化的特点与全国非石灰性农田土壤相似，即大气沉降和作物收获分别贡献了 6.8% 和 34.2% 的氢离子，而施肥贡献 55.1% 的氢离子，氮肥过量施用及利用率的降低是土壤加速酸化的直接驱动因素。总的来说，江西省土壤酸化的主要原因归结于不合理施肥，尤其是氮肥。

2. 江西省园地土壤酸化严重

（1）江西省茶园土壤酸化现状及酸化原因。江西省园地土壤上种植的作物有茶树、柑橘、脐橙、油茶等，其中茶树喜酸怕碱，最适生长 pH 值范围为 4.5~5.5，当土壤 pH 值在 4.5~6.0 时均能正常生长，当土壤 pH 值低于 4 时，茶树生长受到抑制。茶树土壤营养特点为多元性、喜铵性、聚铝性、低氯性和嫌钙性。作为叶用作物，茶树对氮素的需求量大，且优先吸收铵态氮。同时茶树适宜生长于富铝土壤上，适当高含量的铝能促进茶树生长，但当土壤 pH 值过低时会抑制茶树的生长及其生命代谢活动，最终影响到茶树的产量和品质。

由表 4-1 中江西省茶园土壤 pH 值监测结果可知，江西典型茶园土壤的 pH 值为 3.0~6.95，均值为 4.58，pH 值＜4.5 的茶园土壤面积占 55.8%。而有调查表明，pH 值＜4.5 的酸化茶园土壤面积高达 92%，江西茶园土壤 pH 值普遍偏低，酸化严重。针对浮梁、婺源、遂川、修水四县的调查结果显示 pH 值＜4.0 的酸化土壤面积占 72.6%，某些茶园土壤的 pH 值甚至低至 2.93，此类土壤酸度已经不适合茶树生长。南昌县茶园 500 个土壤样品的最新调查结果表明其 pH 值均低于 5.5，pH 值＜4.5 的土壤占 96%，酸化情况更为严重。江西省内主要茶叶产区适宜茶树生长酸度区域（pH 值 4.5~5.5）为星子县（现为庐山市）、遂川、上犹、婺源、浮梁、崇义、宁都、庐山、上饶，占 50%，重度酸化区域（pH 值＜4.5）为修水、铜鼓、南昌、靖安、井冈山、芦溪、资溪、进贤、定南 9 个县，占 50%，其中平均 pH 值低于 4.5 的有铜鼓、靖安、井冈山、南昌、芦溪、进贤 6 个县，分别为 4.48、4.47、4.42、4.42、4.35、4.19。从土壤类型看（图 4-5），植茶后土壤 pH 值分别为红黄壤 4.34、红壤 4.52、黄壤 4.70、山地黄棕壤 5.35、水稻土 5.10、紫色土 5.75。植茶 30 年（图 4-6），山地黄棕壤、水稻土、黄壤、红壤茶园上 pH 值分别下降 1.67、1.43、0.65、0.30 个单位，土壤 pH 值随建园时间增加而递减。

表 4-1 江西省茶园土壤 pH 值

地点	年份	土壤 pH 值范围及均值	酸化面积比例/%	样品总数	土层/cm
江西省（18 县）	2014—2016	3.51~6.95 4.65	43（pH 值<4.5）	203	0~20
江西省（21 县）	2018	3.15~6.95 4.62	42.1（pH 值<4.5） 53.9（pH 值 4.5~5.5） 4%（pH 值>5.5）	372	0~20
江西主要茶园	2006—2009	3.0~6.8 4.45	92（pH 值<4.5） 8（pH 值 4.5~5.5）	213	0~20
庐山（4 个茶园）	2015	4.83~5.13 无	无	不详	0~20
浮梁、婺源、遂川、修水 4 县	2009—2010	2.93~4.58 3.71	27.4（pH 值≥4.0） 72.6（pH 值<4.0） 26.4（pH 值<3.5）	106	0~20
南昌县黄马、塔城	2017	3.26~4.75 3.82	96（pH 值<4.5） 4（pH 值 4.5~5.5）	500	0~30
南昌县黄马	2012	4.0~4.89 无	无	171	0~20 20~40

注：18 县为赣东北婺源、浮梁、上饶、赣西北修水、铜鼓、庐山、星子、芦溪，赣中靖安、井冈山、遂川、资溪、进贤、南昌；赣南上犹、宁都、崇义、定南；21 县为赣东北婺源、浮梁、上饶、铅山、玉山，赣西北修水、铜鼓、武宁、庐山、靖安、芦溪，赣中井冈山、遂川、资溪、进贤、南昌；赣南上犹、宁都、崇义、会昌、定南。

植茶使茶园土壤呈酸化趋势，且茶园土壤随着植茶年限和海拔高度增加土壤 pH 值下降加剧，二者均呈现线性的变化趋势，这一规律不仅发生在江西茶园土壤，福建、贵州、江苏等地的茶园也出现相似的规律。过去的 20~30 年，我国茶园土壤发生了严重酸化，pH 值降幅在 0.47~1.43，降幅既大于果园和蔬菜土壤（0.40~1.08）又大于种植粮食作物土壤（0.30~0.89），江西仅有 8% 的茶园土壤适宜茶树生长。南昌市黄马乡茶园两层土壤 pH 值均随植茶年限的增加呈下降趋势，且表层（0~20 cm）低于下层（20~40 cm），随着种茶年限增加上层和下层的 pH 值差异缩小。福建、贵州和江苏等地茶园土壤酸化研究表明交换性铝含量与 pH 值呈显著水平的线性负相关，随着植茶年限增加，土壤交换性铝含量呈现线性增加，交换性盐基离子钙、镁等养分元素含量下降，导致土壤酸化及肥力下降。南方丘陵红壤茶园长期受到酸沉降的胁迫，随着酸雨强度的增加，土壤酸化也会

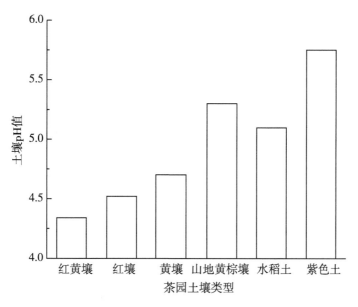

图4-5 江西省不同类型茶园土壤 pH 值

加重，导致土壤生物活性下降，氮、磷转化及其有效性降低，且根际土壤受酸雨的影响强度大于非根际土壤，影响茶园养分循环。植茶后，不同类型土壤 pH 值降低程度不同，山地黄棕壤下降最快，降低 1.67 个单位，红壤酸化程度最慢，下降 0.3 个单位（图4-6）。

种植茶树导致土壤持续酸化已是公认的事实，江西省茶园土壤严重酸化主要是施加化学氮肥造成。调查表明，江西茶园施肥特点为化肥施用比例高，占比超过 80%，大量施用尿素、45% 通用复合肥，而有机肥的施用比例不足 20%；氮、磷、钾养分比例失衡，中微量元素肥料几乎不施。施用化学氮肥导致我国茶园土壤 pH 值平均降低 0.20，土壤总无机氮升高 172%，加剧了我国茶园土壤酸化和养分如活性氮的流失，威胁着我国茶园生态环境的可持续发展。相较于茶园附近的林地土壤，施加化学氮肥造成植茶土壤严重酸化，而有机茶园土壤 pH 值则没有显著降低。从化肥的施用量看，低量和适量的氮肥施用对表层土壤 pH 值没有显著影响，但高量的氮肥造成土壤显著酸化的同时还伴随着盐基离子减少。从氮肥的施用种类看，尿素会促进氨氧化细菌的数量增多加快硝化作用造成茶园土壤酸化加剧，硫酸铵可抑制氨氧化细菌减缓硝化作用阻止土壤进一步酸化。和耕地土壤相同，

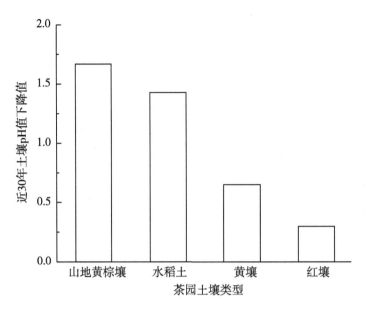

图 4-6　江西省不同类型茶园土壤 30 年 pH 值下降幅度

江西茶园土壤也受到酸雨的影响。同时茶树本身也会加速土壤酸化，茶树自身的凋落物和剪枝还园造成铝再次进入土壤，根系及根际微生物的呼吸作用会分泌大量有机酸和多酚类物质促进铝的活化，导致土壤进一步酸化。也有研究表明茶树的喜铵和富铝特性，其对铵和铝离子的大量吸收导致根系释放大量质子可能对土壤酸化有重要贡献。

（2）江西省柑橘园土壤酸化现状及原因。江西省赣南地区得天独厚的自然资源条件极利于柑橘的生长，为优质脐橙的生产打下了坚实的基础。江西赣南是我国最大的脐橙主产区，区域年降水量大，土壤的淋溶作用较强，导致赣南脐橙园土壤有效养份较为缺乏。近年来，柑橘产区也出现严重的土壤酸化现象。柑橘最适生长 pH 值是 5.5～6.5，pH 值过高或过低，都会导致土壤中微生物的活性降低，影响土壤肥力。

文献研究表明柑橘园普遍存在酸化现象，对比背景土样，pH 值下降 0.48 个单位，强酸性土壤面积（pH 值<4.5）增加 15.7%，紫色土柑橘园酸化最快；随种植年限增加，下层土壤（20～60 cm）酸化更为严重。由表 4-2 针对江西赣南主要脐橙产区的 18 个县（市）的 447 个代表性果园的 1 405 个土壤样本和 229 个背景样本（土壤类型包括红壤、黄壤、紫色土和

水稻土）pH 调查可知，pH 值的变化范围为 3.41~7.65，均值为 4.66，比背景样值下降 0.48 个单位，平均最高和最低值为石城县的 5.34 和南康县的 4.40（表 4-2）。对整个赣南而言，脐橙园酸性和强酸性土壤（pH 值＜5.0）占 82.7%，而 pH 值＜4.5 的强酸性土壤为 45.7%，对比背景土样酸性和强酸性土壤增加 16.8%，强酸性土壤增加 15.7%，种植脐橙后土壤酸化面积增加。从土壤类型看，红壤和黄壤 pH 值较低，样品和背景之间 pH 值差异很小；而紫色土 pH 值最高，相比背景样土壤 pH 值下降 1.36 个单位，酸化最快。抚州市南丰县 6 乡镇柑橘园 126 个土壤样本 pH 值的调查也表明偏酸至强酸性土壤占 73.81%（pH 值＜4.8），酸性适宜土壤（pH 值 4.8~5.4）占 22.22%，而最适土壤（pH 值 5.5~6.5）仅占 3.97%，普遍对柑橘生长不利，酸化现象严重，均应采取相应措施适当降低土壤酸度。通过对不同柑橘种植年限（未种植即对照、2 年、4 年、9 年、15 年、23 年）和不同深度土层样品（0~20 cm、20~40 cm、40~60 cm）的研究发现，土壤 pH 值随着种植年限的增加逐渐降低，且下层土壤（20~60 cm）最为显著。除脐橙外，其他经济林集约经营也会导致土壤的严重酸化，且酸化程度随种植年限的延长而加重。研究表明柑橘土壤 pH 值与交换性酸、交换性铝及交换性氢含量呈极显著负相关，土壤 pH 值主要取决于土壤潜性酸中的交换性酸含量，特别是其中占绝对优势的交换性铝含量。江西柑橘园土壤酸化的主要原因同茶园相似，柑橘的自身代谢作用造成土壤酸化；而柑橘园翻耕条件差，也易造成酸性物质积累；气候高温多雨，土壤盐基饱和度较低，对酸缓冲容量的贡献小；地处酸雨区，土壤长期受到酸雨的影响；果农长期重施化肥、轻有机肥，化肥以尿素为主，尿素在土壤中转化为铵态氮肥造成土壤 pH 值持续下降。

表 4-2　江西省柑橘园土壤 pH 值

地点	年份	土壤 pH 值范围及均值	酸化面积比例/%	样品总数	土层/cm
江西赣南（18 县）	2010	3.41~7.65 4.66（样本） 3.88~8.32 5.14（背景）	样本 82.7、背景 65.9（pH 值＜5） 样本 45.7、背景 31（pH 值＜4.5）	1 405（样本） 229（背景）	5~35

（续表）

地点	年份	土壤 pH 值范围及均值	酸化面积比例/%	样品总数	土层/cm
寻乌县	2015	3.01~5.51 4.57（样本） 4.87~5.52 5.14（对照）	—	15（样本） 18 3（对照）	0~20 20~40 40~60
南丰县	2011	—	73.81（pH 值<4.8） 22.22（pH 值 4.8 ~ 5.4）	106	0~20

（3）江西省林地土壤酸化现状。江西省林地土壤酸化研究可以追溯到 1954 年和 1989 年对庐山土壤样品的研究，结果表明近 35 年庐山土壤（山地草甸土、山地棕壤、山地黄壤和山地黄棕壤）发生酸化，pH 值下降幅度在 0.1~0.5 个单位，交换酸、Al^{3+}、SO_4^{2-}、NO_3^- 和溶液中铝游离度均增加，酸化现象与酸雨密切相关。针对全国林地土壤酸化的研究表明，中国东部区域（包括江西省）1981—1985 年（样本数 367）和 2006—2010 年（954）林地土壤 pH 均值分别为 5.60 和 5.35，显著降低 0.25 个单位。从土壤类型看，中国东部区域主要为淋溶土，对比 1981—1985 年（样本数 346）和 2006—2010 年（样本数 780）数据，其 pH 值分别为 5.77 和 5.44，显著降低 0.33 个单位，下降幅度低于全国平均水平 0.36。林地土壤 pH 和铝形态密切相关，对庐山植物园针叶林（pH 值 4.4~5.07）和阔叶林（pH 值 4.58~5.00）剖面土壤铝形态的研究表明酸沉降影响下的土壤酸化促进了森林土壤中铝的移动，3 种形态铝（酸溶性铝、单核铝和多核铝）含量均随剖面深度增加而减少，针叶林植被下高于阔叶林，而非根际土与根际土差异不大，溶解铝的形态与含量存在明显的季节性变异。溶解铝积累与土壤酸化强度有密切关系，溶解有机碳趋向于形成抑制毒性的单核铝。针对亚热带林地土壤酸化的研究表明，在过去的 60 年间，土壤剖面 pH 值均呈现下降趋势，深层土壤下降幅度小于表层土壤，而土壤 pH 值降低和盐基离子减少受到区域内氮和硫沉降、气候变暖、水的可利用性降低的影响。中国林地土壤酸化的原因主要归结于大气沉降和林木收获带走盐基离子，两者分别约贡献 84% 和 16% 的酸性物质。

【结论】

（1）与第二次土壤普查相比，江西省耕地土壤 pH 值下降 0.53 个单位，酸化面积占比为 98.7%（pH 值＜6.5），酸性强酸性土壤面积占 84.89%（pH 值＜5.5），强酸性土壤面积占 0.67%（pH 值＜4.5）；全省酸化水田面积占 99.58%，酸性强酸性水田面积占 86.41%，强酸性土壤面积占 0.67%，pH 值下降 0.6 个单位；全省旱地酸化面积占 90.65%，酸性强酸性旱地面积占 70.71%，强酸性土壤面积占 0.68%，pH 值下降 0.4 个单位。水田土壤 pH 值下降幅度大于旱地。

（2）江西典型茶园土壤的 pH 值范围为 3.00~6.95，均值 4.58，pH 值＜4.5 的酸化茶园土壤面积占 55.8%，而南昌县茶园占比高达 96%。随植茶年限增加土壤 pH 值呈下降趋势；表层土壤 pH 值（0~20 cm）低于下层（20~40 cm），但随着植茶年龄增加两层之间的差异性缩小。

（3）赣南脐橙园土壤 pH 值范围为 3.41~7.65，均值 4.66，比背景土样 pH 值下降 0.48 个单位，脐橙园酸性和强酸性土壤（pH 值＜5.0）占 82.7%，而 pH 值＜4.5 的强酸性土壤占 45.7%，对比背景样酸性、强酸性土壤分别增加 16.8%、15.7%，种植柑橘后土壤酸化面积增加。柑橘园土壤 pH 值随着种植年限的增加而逐渐降低，下层土壤（20~60 cm）最为显著。

（4）江西省典型林地（庐山）呈酸化趋势，林地酸化主要归结于大气沉降和林木收获带走盐基离子，同时需要更多关注土壤中铝的形态和毒性对酸化的影响。

（5）省内耕地和园地的酸化主要是由不合理施用氮肥造成的，而林地的酸化主要归因于大气氮、硫沉降和林木收获带走盐基离子。

第五章　土壤淋溶土纲共同特性及黄褐土改良利用案例

淋溶土纲包括黄棕壤、黄褐土、棕壤、暗棕壤、白浆土、棕色针叶林土、漂灰土和灰化土共 8 个土类。这些土壤的共同特点是与南方铁铝土相比，风化程度明显减弱，黏土矿物以 2∶1 型占主导地位；土壤中石灰充分淋溶，呈酸性反应，有明显的黏粒淀积。

一、成土条件

中国淋溶土分布区的气候条件和自然植被具有如下特点：年平均气温在 −1~17 ℃，气温年较差高达 18 ℃之多；年均降水量在 600~1 800 mm；年均干燥度多数在 0.5~1.0；土壤冻结层深度最深可达 250 cm，最浅小于 15 cm，甚至终年无冻土层；自然植被多为不同类型的森林或森林灌丛植被。灰化土、漂灰土和棕色针叶林土分布于寒温带针叶林植被下；暗棕壤和白浆土分布于中温带的针阔混交林植被下；棕壤分布于暖温带的落叶阔叶混交林植被下。黄褐土和黄棕壤是北亚热带地区常绿和落叶阔叶混交林下的土壤。淋溶土分布区的地形主要为山地（低山为主，中山次之）、丘陵和黄土岗地，其成土母质以片麻岩、花岗岩、砂岩、页岩等酸性母岩风化物和不同类型的黄土为主，其次为石灰岩的残积风化物。

二、主要成土过程

1. 腐殖质积累过程

腐殖质积累过程也称为生物积累作用。黄棕壤是在北亚热带生物气候条件下，在温度较高、雨量较多的常绿阔叶和落叶阔叶混交林或针阔叶混交林下形成的土壤。一般针叶林下土壤的腐殖质层最薄,阔叶林下居中,而灌丛草类下最厚,腐殖质类型以富里酸为主。棕壤在湿润气候条件和森林植被下,生物富集作用较强,积累大量腐殖质,土壤有机质含量一般为50 g/kg左右。在暗棕壤地区自然植被为针阔混交林,林下有比较繁茂的草本植被。腐殖质积累季同生长季节一致,生物累积过程十分活跃,每年都有大量的凋落物残留于地表。白浆土地区在植物生长季内,雨热同步,利于植物生长和土壤的有机物质积累,土壤腐殖质层有机质含量可达60~100 g/kg,土壤矿质养分亦十分丰富。

2. 黏化过程

黏化作用是形成淋溶土的重要成土过程。不同程度的黏化作用会导致土壤性质的差异,故黏化层及其特性是鉴别淋溶土的重要指标。黄棕壤不仅具有残积黏化,而且以淋淀黏化过程为主。黄褐土由于土体透性差,黏粒移动的幅度不大,细黏粒与总黏粒之比(<0.2 pm/<2 μm)在层次间分异不太明显。黄褐土微形态薄片中仅见少量老化淀积黏粒体,故黄褐土中黏粒含量、层次分化及黏磐层的出现大部分受母质残遗特性的影响。棕壤以淋淀黏化为主。暗棕壤地区的年降水集中在夏季(7月、8月),使暗棕壤的盐基、黏粒的溶淀积过程得以发生,盐基离子淋失,黏粒向下淋溶和淀积。表层、亚表层土壤中的三价铁在雨季嫌气条件下被还原成二价铁向下淋溶,在淀积层重新氧化而沉淀包被在土壤结构体的表面,使淀积层土壤具有较强的棕色。白浆土在湿润季节,黏粒为水所分散,并随下渗水产生机械悬浮性位移,在土壤中下部,土壤水分减少处附着在土壤结构体的表面,是一个典型的黏粒机械淋溶淀积过程。

3. 弱富铝化过程

黄棕壤由于铁的水化度较高,故呈棕色,土体中的铁、锰形成胶膜或结核,聚集在结构体面上,接近地表的结核较软,易碎,而下层则较坚硬。黄褐土黏粒的硅铝分子率低于褐土,略高于黄棕壤,而明显高于红壤。

4. 铁锰的淋淀过程

黄褐土中矿物风化形成次生黏土矿物过程中,铁锰等变价元素被释放所形成的氧化物在土壤湿时被还原为可溶性的低价化合物而随下渗水移动。

5. 针叶林下凋落物层和粗腐殖质层的形成

针叶林及其树冠下的灌木和藓类，每年有大量枯枝落叶等植物残体凋落于地表，凋落物中灰分元素含量低，呈酸性，凋落物主要靠真菌的活动进行分解，形成富里酸，而冻层本身又阻碍水分从调落物中把分解产物淋走。在凋落物层之下，则形成分解不完全的粗腐殖质层，甚至积累成为半泥炭化的毡状层。

6. 有机酸的络合淋溶

棕色针叶林土在温暖多雨的季节，真菌分解针叶林凋落物时，形成酸性强、活性较大的富里酸类的腐植酸下渗水流，含有富里酸类的下渗水流导致盐基及 Fe、Al 的络合物淋溶从而使土壤盐基饱和度降低，土壤呈酸性。但由于气候寒冷，淋溶时间短，淋溶物质受冻层的阻隔，这种酸性淋溶作用并不能像灰化土一样有显著发展，与此相伴生的淀积作用也不明显。因此，棕色针叶林土的有机酸的络合淋溶过程只能称为隐灰化过程，这有别于欧亚同纬度的海洋性气候地区的灰化土带。

7. 铁铝的回流与聚积

当冬季到来时，棕色针叶林土表层首先冻结，土体中下部温度高于地面温度，上下土层产生温差，本已下移的可溶性铁铝锰化合物等水溶性胶体物质又随上升水流回流重返表层。由于地表已冻结，铁铝锰化合物因土壤冻结脱水而析出，以难溶解的凝胶状态在表层土壤中积聚。在可溶性铁铝锰化合物等水溶性胶体物质回流过程中，遇到土体中的石块、砾石时，即附着于其底面，故棕色针叶林土土体中的石块底面常见附着大量暗红棕色胶膜，上部土壤也多被染成棕色。在表层积聚的着色物质主要是有机质和活性铁。

8. 泥炭化和潜育化过程

棕色针叶林土在较低地形处，由于土壤水分过饱和而产生冻层凸起的圆丘，其直径约 1 m，高 10～20 cm，圆丘周围凹陷处经常积水而发生泥炭化和潜育化的附加过程。

9. 假灰化过程

暗棕壤中，来源于有机残落物和岩石矿物化学风化产生的硅酸，由于冻结作用成为 SiO_2 粉末析出，以无定型 SiO_2 粉末的形式附着在土壤结构体的表面，因此称假灰化现象，它不同于灰化过程，灰化过程中有铁、铝的络合移动与淀积。

10. *潴育淋溶*

由于土壤质地上轻下重及季节冻层的存在，在融冻或雨季上层土壤处于滞水还原状态，土壤中铁锰被还原，随水移动，一部分随侧渗水（地面坡度为此创造了条件）淋洗出土体，大部分在水分含量减少时，重新氧化以铁锰结核或胶膜形式沉积固定在原地。由于铁锰不断被侧向淋洗从而在土层中非均质分布使得原土壤亚表层脱色成为灰白色土层——白浆层，这个过程通常称为潴育淋溶过程。

三、基本理化性质

（一）剖面构型

黄褐土土体深厚，典型的剖面构型为 Ah-Bts-Ck。黄棕壤的剖面构型为 O-Ah-Bts-C 或 Ah-Bt-C。棕壤的土体构型是 O-A-Bt-C。白浆土的土体构型是 Ah-E-Bt-C。棕色针叶林土的剖面构型是 O（O1，O2）-Ah-AB-（Bhs）-C。暗棕壤剖面的土体构型是 O-Ah-AB-Bt-C。

（二）土壤性质

1. 颗粒组成与主要水分物理特性

黄褐土全剖面质地层间变化不大。由下蜀黄土发育的土壤，质地为壤质黏土至黏土。表土层和底土层质地稍轻，尤其是受耕作影响较深的土壤和白浆化（漂洗）黄褐土，表土质地更轻，多为黏壤土，甚至壤土。底土色泽稍浅于心土，质地也略轻于心土，仍有较多老化的棕黑色铁锰斑和结核。向下更深部位可出现石灰结核和暗色铁锰斑与灰色或黄白色相间的枝状网纹。黄褐土土壤凋萎含水量与黏粒含量呈正相关。下部土层的物理性黏粒含量较上部土层的高，因此田间持水量较上部土层小，凋萎含水量却增大，土壤有效水降低到田间持水量的 50% 以下，并随剖面深度有逐渐降低的趋势。由于黏化层或黏磐层的存在，土体透水性差，导致季节性易旱易涝的不良水分物理特性。黄棕壤的质地一般为壤土至粉砂黏壤土，但黏化层多为壤质黏土至粉砂质黏土。棕壤保水性好，抗寒能力强。白浆土的质地比较黏重，表层 Ah 及 E 层的土壤质地多为重壤，个别可达轻黏土。白浆土的水分多集中在 Bt 层以上，由于 Ah 层浅薄，容水量有限，1 m 以内土体的容水量少。因此白浆土怕旱又怕涝，是农业生产上的一个重要障碍因子。暗棕壤土壤水分状况终年处于湿润状态，季节变化不明显，质地大多为壤质。棕色针叶林土壤全剖面含有石砾，质地多为轻壤到重壤。因表层有机质含量高，因而容重低。枯枝落叶层对保水性有重要影响。

2. 黏土矿物及交换性能

黄褐土黏土矿物组成以 2：1 型水云母为主，相对含量在 40% 以上，1：1 型高岭石含量一般为 15%～25%，还有一定量的蛭石及少量蒙脱石，黏粒部分的硅铝率＞3.0。黏粒（＜0.001 mm）的阳离子交换量 30～40 cmol（+）/kg，ECEC/clay＞0.3 或 CEC/clay 0.4。黄棕壤的黏土矿物组成与黄褐土相似，硅铝率一般在 2.4～3.0。棕壤处于硅铝化脱钾阶段，黏土矿物以水云母、蛭石为主，还有一定量的绿泥石、蒙脱石和高岭石。白浆土黏土矿物以水化云母为主，伴有少量的高岭石、蒙脱石、绿泥石。暗棕壤土体中铁、黏粒有明显的淋淀积，而铝的移动不明显。棕色针叶林土表层、亚表层 SiO_2 明显聚积，淀积层 R_2O_3 相对积累。活性铁、铝含量较高，在剖面中有明显分异。剖面上层以高岭石、蒙脱石为主，下层以水云母、绿泥石、蛭石为主，矿物发生了明显的酸性蚀变。

3. 化学性质

表层土壤 pH 值 6.5～7.0，底层 7.5，个别表层已酸化，但 pH 值仍在 6 以上；Fed/Fet≥40%；土层中虽已脱钙，剖面不含游离石灰，碳酸钙相当物＜0.5%，胶体上仍以交换性钙占主要地位，盐基饱和度＞75%。黄棕壤不含游离碳酸钙，pH 值 5.0～6.7。棕壤的阳离子交换量为 15～30 cmol（+）/kg，盐基饱和度多在 70% 以上。白浆土呈微酸性，pH 值 6.0～6.5，各层差异不大，交换性能受腐殖质和黏粒的分布影响很大。暗棕壤表层土壤（腐殖质层）阳离子交换量 25～35 cmol（+）/kg，盐基饱和度 60%～80%，随剖面深度的增加而降低。与盐基饱和度有关的 pH 亦有大致相同的变化规律，表层 pH 值 6.0，下层只有 5.0 左右。棕色针叶林土呈酸性反应，各层水浸 pH 值在 4.5～5.5，A 层交换性 Ca^{2+}、Mg^{2+} 含量较高，盐基饱和度为 20%～60%，B 层一般＞50%，但在交换性 Al^{3+} 含量高的土壤中，盐基饱和度可下降到 50% 以下。

4. 养分状况

黄褐土的有机质和氮素含量偏低，钾素较丰富，磷素贫缺。另外，黄褐土有效微量元素中铁和锰含量丰富，锌和钼属处于低值范围，硼极缺，因此，在配方施肥时，虽土和作物不同，但补施硼、钼和锌肥均可获增产效果。白浆土土壤有机质含量表现出上下高中间低的趋势。白浆土全磷含量较低，全钾含量较高，养分总贮量仍为较低的水平。暗棕壤有机质含量高。棕色针叶林土土壤肥力较低，由于土温低，营养成分多为粗有机质态存在，有效性低，土壤全磷与有效磷含量亦均低。

5. 微形态特征

B 层孔隙壁上存在光性定向黏粒胶膜，还可见到颜色偏红的铁——黏粒胶膜；剖面下部普遍存在铁——有机质凝团或铁锰凝聚物，还能见到碳酸盐——黏粒复合胶膜或隐晶状方解石。此外，在黄褐土许多剖面中，还发现碳酸钙包裹铁锰结核（钙包铁）的现象。经土壤微形态鉴定这种砂姜的内核为隐晶质碳酸钙，沿孔壁有结晶方解石析出物。钙包铁的现象说明该地区黄褐土中的石灰结核是在铁锰结核生成之后现代成土作用下的产物。同时，也证明有含石灰的物质叠加沉积覆盖于古土壤之上，在成土过程中，上覆母质中的碳酸钙随水向下淋溶，以古土壤中的铁锰结核为核心，不断包裹于表面浓缩聚积成由小渐大的砂姜。这种于古土壤之上的成土作用所反映的土壤重叠剖面发育特征，是黄褐土多元发生发育特征的重要标志之一。

四、亚类

以黄褐土为例，其亚类可分为黄褐土、白浆黄褐土、黏磐黄褐土和黄褐土性土。黄棕壤亚类分为普通黄棕壤、暗黄棕壤、黏磐黄棕壤、黄棕壤性土。棕壤分为棕壤、白浆化棕壤、潮棕壤、棕壤性土。暗棕壤分为典型暗棕壤、草甸暗棕壤、白浆化暗棕壤、潜育暗棕壤、暗棕壤性土。棕色针叶林土分为棕色针叶林土、灰化棕色针叶林土、表潜棕色针叶林土 3 个亚类。白浆土分为白浆土、草甸白浆土、潜育白浆土 3 个亚类。

五、利用和存在的问题

黄褐土多分布在起伏丘岗，绝大多数地区缺乏农田水利灌溉条件，一般农业产量水平不高，特别是黏磐层部位高的土壤、强漂型土壤以及一些受侵蚀的土壤，更是中低产土壤。大部分岗顶、坡地上的耕种黄褐土，均有程度不同的水土流失，加之耕作管理粗土壤熟化度不高，有机质含量比一般林草地土壤低，颜色由暗变淡，土体亦趋紧实。

黄褐土土类是在北亚热带生物气候条件下，主要在第四纪下蜀系黄土母质上发育形成的土壤，淋溶作用和黏化过程均相当强烈，使得黄褐土全剖面质地黏重，表土层为轻壤土、中壤土者较少，重壤土者较多，心土层和底土层一般重壤轻黏土甚至中黏土。表土层以下的心土层，即黏化层，也是铁锰淀积层，不仅黏粒的聚积量多，而且有大量包被于结构面上的胶膜和聚积于土体内的铁锈结核，呈棕褐色，且黏重紧实，坚如磐石，所以也叫黏磐。黄褐土是北亚热带地区的主要耕种土壤。大量研究表明，黏磐黄褐土多数质地黏重，呈弱酸到弱碱性，耕性不良，持水性强，水分有效度低，在强蒸腾条件下，含水量稍低，植物便易发生暂时萎蔫；含水量过高，又常引起通气不畅而妨碍植物正常生长发育。

土壤酸化是土壤退化的一个重要表现，也是近些年来农业发展过程中普遍存在的问题之一。黄褐土是近年酸化较为严重的农田土壤之一。长期高强度的种植模式导致黄褐土 pH 值下降较快，严重的酸化导致作物产量大幅下降。灌溉或者高量降雨容易导致可溶性钙离子下渗与淋溶，引起土壤盐基离子淋失导致土壤酸化；过量施肥问题在黄褐土农田区域较为普遍，成为黄褐土酸化的又一重要原因。

六、改良措施

（一）黄褐土农业利用改良措施

1. 因地制宜兴修水利，调整作物布局

在地形平缓而又有水源保证的区段，应重点兴修农田水利，抓好塘、库、坝、渠配套建设。在大面积受水源限制的地区，应当广泛开展旱作农业，旱地农田施用有机肥料，坡地等高耕作、覆盖、翻压秸秆等，均可提高水的利用率。除了通过灌溉增加水分输入、扩大循环外，还应调控土壤水，尽量减少非生产性损失，并提高作物的水分利用率。

2. 修筑梯地

可根据坡度大小和坡形坡向，修筑不同大小和形状的梯地，可以控制或减少地面径流，稳定土层厚度，防止水土流失。坡地改梯田，田埂栽种防护林，加上等高耕作和等高种植，对保持水土均有显著的效果。

3. 深耕改土、抢墒耕作、合理施肥

对于丘岗部位大面积分布的黏磐黄棕壤与黄褐土，一般采取浅翻深松相结合，逐步加深耕层，深松耕层以下土层。可以疏松表层、减轻地表侵蚀，又可容蓄较多的降水，增加土壤抗旱能力。或施用煤渣、炉灰，从而改善土壤的通气透水状况和耕作性能。深耕的同时增施有机肥和推广秸秆还田，可以逐步增厚熟土层，改善土壤通透性，提高蓄水抗旱能力。同时要掌握宜耕期，在适耕的含水量范围内，抢墒耕作。

黄褐土养分贫瘠，氮素供应水平低，磷素更少，还缺乏锌、硼、钼等微量元素。要通过合理施肥调节土壤供肥能力，一般旱地重施有机肥，增磷补氮。对于心土层裸露的土壤，更要重点培肥，施磷结合种植绿肥作物，不仅可以广积有机肥料，还可以调整产业结构，发展畜牧业，改善农业生态环境。

4. 酸化黄褐土改良措施

施肥是导致黄褐土酸化的重要因素之一，建议减少铵态氮肥的施用，增加有机肥施用。一年两季高强度的种植模式导致作物收获后带走大量的盐基离子，可以采取适时休耕，同时补充土壤盐基离子，保障土壤主要盐基离子相对平衡，从而降低土壤酸化。采取深耕，让酸化较弱的土壤与耕层显著酸化的土壤混合施加石灰和生物炭类碱性物质，降低土壤酸化。选择有质量保证的肥料，从源头降低酸化来源。

（二）适地适树，发展林业

黄棕壤与黄褐土地处北亚热带，气候具有过渡特征，种植亚热带的柑橘在低温年份有冻害威胁，而发展苹果、梨等温带水果，因光照不足，色泽和甜度又差。因此，黄棕壤与黄褐土区不宜发展水果，而应发展其他经济林，如黄褐土区适种的经济林树种有油桐、桑、柿、板栗、山楂等。

（三） 搞好水土保持林

坡度较大的山地，过去存在滥伐森林及不合理开垦，引起严重的水土流失现象，使一些地区的土壤肥力大为降低，特别是大别山区尤为严重。因此，应大力加强水土保持工作，首先，应作好小流域规划，营造护坡林和沟底防冲林。在坡地上的茶、桑、果园，应采用等高种植、修筑梯田等方法，并结合绿肥覆盖，既能防止水土流失，又能达到林牧双丰收。除因地制宜地规划用材林、水保薪炭林外，特别要重视发展林果业和饲草业生产，发挥农牧林综合发展的效益。

七、黄褐土改良利用案例

案例一：酸化黄褐土改良

【材料与方法】针对黄褐土区农田土壤已经存在的酸化问题，采用生物质炭和微生物菌肥对酸化黄褐土进行改良。设置不施肥、传统施肥、微生物菌肥、高量以及低量生物质炭添加 5 种处理，分别记为 CK、CT、WJ、T20（炭：土＝1：20）和 T200（炭：土＝1：200）。试验采用桶栽玉米方式。试验后土壤的基本理化性质如表 5-1 所示。

表 5-1　玉米收获后不同施肥处理的土壤养分含量和关键盐基离子含量

（单位：mg/kg）

处理	pH 值	铵态氮	硝态氮	交换性钙离子	交换性钾离子	交换性钠离子	交换性镁离子	速效磷	有机质/（g/kg）
CK	4.24d	3.3c	12.3d	864.3c	148.2c	123.5c	50.8d	57.6b	13.5c
CT	4.32d	5.1a	57.1a	809.2c	246.8b	127.0c	52.9d	72.6a	12.8c
T200	5.92b	4.0b	32.3b	1 106.0b	328.5a	154.7b	71.9bc	54.1b	17.3b
T20	6.45a	3.7bc	25.8bc	1 246.2a	352.1a	225.4a	127.3a	53.6b	26.5a
WJ	4.80c	4.5b	29.8b	1 121.8b	355.4a	162.2b	84.8b	59.4b	14.5bc

注：同列不同小写字母代表处理间差异显著（$P<0.05$）。

【结果分析】试验结果表明，在玉米收获后，与对照处理相比，传统施肥 CT 处理土壤 pH 值和土壤有机质、交换性钙、镁、钠离子含量均变化不显著（$P>0.05$），说明传统施肥方式对酸化黄褐土土壤改良没有明显效果。而 WJ、T20、T200 处理土壤 pH 值和有机质含量均较 CK 显著升高，在玉米收获后，各处理 pH 值分别达到 4.80、6.45、5.92，有机质含量分别达到 14.5 g/kg、26.5 g/kg、17.3 g/kg，表明生物质炭和微生物菌肥添加可以显著缓解黄褐土酸化，改善黄褐土土壤质量。同时，WJ、T20 和 T200 处理土壤交换性钾、钠、钙、镁离子含量显著高于 CK 和 CT 处理，说明添加微生物菌肥和生物质炭，黄褐土中关键盐基离子增加显著，有利于缓解土壤酸化。同时，不同处理玉米关键生长期的光合生理指标显示，WJ、T20 和 T200 处理玉米大喇叭口期和灌浆期叶片光合速率、气孔导度、胞间 CO_2 浓度、蒸腾速率均显著高于 CK 和 CT 处理，说明添加微生物菌肥和生物质炭不仅改善了黄褐土土壤酸化问题，还提升了玉米的光合生理指标。且 T20 处理玉米生长季光合指标、土壤 pH 值、玉米地上部干重和根干重等指标均较 T200 处理显著提升，说明加大生物质炭施用量更能缓解黄褐土酸化。

【结论】微生物菌肥和施用生物质炭是改良酸化黄褐土农田土壤的有效手段，而加大生物质炭用量可以进一步提升改良效果。

案例二：黄褐土综合改良措施

【背景】黄褐土是北亚热带地区的主要耕种土壤。大量研究表明，黏磐黄褐土多数质地黏重，呈弱酸到弱碱性，耕性不良，持水性强，水分有效度低，在强蒸腾条件下，含水量稍低，植物便易发生暂时萎蔫；含水量过高，又常引起通气不畅而妨碍植物正常生长发育。因此，对黄褐土结构和性质的改良迫在眉睫。

【对策】目前主要的改良方法包括：①可掺砂、掺煤灰改良土壤质地。通过改良土壤质地，达到破除黏磐层的效果。掺砂可就近利用河砂或山岩风化砂砾进行质地改良，一般每 100 m² 茶园土壤掺砂 1 000~2 000 kg。②深翻改土，促进土壤熟化，加厚活土层，增强土壤蓄水保墒能力，利于防止水土流失。③增施有机肥，改善土壤结构，增加土壤有机质，如秸秆还田、减量施用化肥以及有机肥代替化肥等。④套种绿肥，翻压掩青，增加土壤有机质，创造良好土壤结构，提高土壤保水保肥能力。

第六章　土壤半淋溶土纲共同特性及黑土改良利用案例

半淋溶土是中国北方几种具有淋溶特性和碳酸钙淀积特征土壤的综合名称。该土壤位于湿润森林淋溶土壤与半干旱草原钙层土壤的过渡区域，因此，剖面中的碳酸盐已发生淋溶和累积，但并未从土体中完全淋失。褐土和黑土都是半淋溶土的代表。

一、成土条件

全国褐土的总面积约为 2 515.85 hm²，主要分布在北纬 34°~40°，东经 103°~122°。从北部的燕山和太行山前地带开始，东至泰山和沂山西北部和西南部的山前低丘，西至晋东南和陕西关中盆地，南至秦岭北麓及黄河沿线。其所处的气候区域年平均气温为 10~14 ℃，年降水量为 500~800 mm，年蒸发量为 1 300~2 000 mm，属于暖温带半湿润大陆季风气候。褐土一般分布在海拔 500 m 以下，潜水位在 3 m 以下，母岩各异，风化物中包含各种岩石，但主要是黄土状物质和石灰质的成土母质。自然植被以辽东栎、洋槐、榆树、柏树等干旱森林和酸枣、荆条等灌木草原为主。目前，该区域是中国北方的小麦、玉米、棉花、苹果的主要产区，一般每两年三熟或每年两熟。

中国的黑土总面积为 734.65 万 hm²，主要集中在北纬 44°~49°，东经 125°~127°，以黑龙江、吉林两省的中部最为丰富，主要分布在哈尔滨至北安、哈尔滨至长春铁路两侧。东部和东北部延伸至长白山、小兴安岭山麓地带；南部至吉林省公主岭市；西部与黑钙土相接壤。在辽宁、内蒙古、河北、甘肃也有少量分布。约 65.67% 的黑土分布在黑龙江省，14.99% 的黑土分布在吉林省，14.63%的黑土分布在内蒙古。黑土分布区的气候属于温带湿润、半湿润季风气候类型。年均温为 0~6.7 ℃，≥10 ℃积温在 2 000~3 000 ℃，无霜期 110~140 天，存在季节性冻层，冻层深度为 1.5~2.0 m，北部可达 3 m，冻层延续时间为 120~200 天。年降水量为 500~600 mm，干燥度为 0.75~0.90。绝大部分的降水集中在 4—9 月，此期间的降水量占全年降水量的 90%左右。这说明在植物生长季节水分充足，有利于植物生长发育，同时也有利于土壤有机质的形成和积累。黑土的成土母质主要是第三纪、第四纪更新世和第四纪全新世的沉积物，质地从沙砾到黏土，以更新世黏土或亚黏土母质分布最广，一般无碳酸盐反应。黑土区的主要农作物有玉米、大豆和春小麦，每年一熟，是我国重要的商品粮基地之一。

二、主要成土过程

（一）褐土主要成土过程

1. 碳酸钙的淋溶与淀积

在半干润的环境条件下，碳酸钙会经历淋溶和淀积过程。原生矿物的风化首先进入大量的脱钙阶段，这个风化阶段的元素迁移特征是 CaO 和 MgO 的迁移量大于 SiO_2 和 R_2O_3。然而，由于半湿润半干季风气候的特点，一方面是降水量较少，另一方面是干旱季节较长，土体中的$Ca(HCO_3)_2$水流的 CO_2 分压势在到达一定深度后会减弱，从而导致 $CaCO_3$ 的沉淀。这种淀积的深度，也就是淋溶深度，一般与降水量呈正相关。

2. 黏化作用

在褐土的形成过程中，由于所处的温暖季节较长、气温较高，土体风化作用强烈。原生矿物不断蚀变，就地风化形成黏粒，使得剖面中、下部土层的黏粒（<0.002 mm）含量显著增多。在频繁的干湿交替作用下，发生干缩与湿胀，促使黏粒悬浮液向下迁移，并在裂隙与孔隙面上淀积，因此，出现了残积黏化与悬移黏化两种黏化特征。

（二）黑土主要成土过程

1. 腐殖质积累过程

在温带半湿润的气候条件下，黑土所处的草甸草原植物生长旺盛，形成了相当大的地上和地下生物量。据相关资料，年生物量可以高达

15 000 kg/hm²。在温暖且湿润的季节产生如此大的生物量，但在漫长的寒冷冬季中，微生物对有机物质的分解受到限制，因此，黑土的腐殖质积累强度较大，具体表现为腐殖质层深厚且含量高。

随着生物残体的分解和腐殖质的合成，土壤有机质、营养元素以及灰分元素的生物循环规模非常大。据嫩江地区九三农场的测定，五花草塘地上部分的有机质积累量（干重）可以达到 4 500 kg/hm²。另据调查，地上部分参与生物小循环的灰分元素为 300~400 kg/hm²，其中 SiO_2、CaO 的比重较大。由于土壤质地黏重和下部冻层的影响，除了一小部分随地表水和下渗水流出土体外，绝大部分在土体内 1~3 m 运行，这使得黑土养分丰富，交换量高，盐基饱和度大，形成了具有很高自然肥力的土壤。

三、基本理化性质

典型的褐土剖面构型为 A−B−Ck 或 A−B−C。A 层（腐殖质层或淋溶层）：一般厚度为 20~30 cm，在淋溶褐土中可达 30 cm 以上，土壤有机质含量 10~20 g/kg，土壤呈亮棕色或暗棕色。质地多为壤质土，屑粒状至小团块状结构，疏松，有较多的植物根系及植株残体。如为耕层则多有瓦片、煤渣等侵入体，有石灰反应，向下呈逐渐或水平状过渡，其下可能有 A/B 层。B 层（淀积黏化层）：一般厚度为 30~50 cm，厚者可达 70 cm 以上（如淋溶褐土），颜色多为棕色，但我国长期采用褐色一词来代表其特性特征。质地多为粉砂质壤土至壤黏土，多具块状或棱块状结构，某些褐土的土壤结构体表面有褐色或红棕色的胶膜，呈断续状或连续状覆盖，或仅位于结构体的交接处。通常有石灰质假菌丝新生体，土壤石灰反应中等，中性至微碱性，一般情况下有少量植物根系沿结构体间的裂隙穿插。部分褐土的表土层及黏淀层均无游离石灰存在，但 pH 值仍在 7 上下，交换性盐基处于钙饱和状态。发育于较新沉积黄土母质上的褐土，全剖面均含游离石灰，黏化层发育微弱。C 层（母质层）：其性状因母质来源而异。如为黄土母质，则原黄土物质多有"变性"分异，如脱钙作用，土体颜色分异，块状结构的形成及植物根系穿插等；如为基岩风化的残积物或残积−坡积物，则原岩石残片还清楚可辨，而且裂隙中夹有较多的碎屑风化物及细土粒，且多有石灰质积聚，土壤由中性至微碱性；如为冲积母质发育的潮褐土，剖面底层往往因受潜水影响而具有因氧化-还原作用而形成的锈纹锈斑等特征。

褐土通常为壤质土，但在一定深度上会出现明显的黏粒积聚。褐土黏土矿物主要由水云母和蛭石组成，其次是蒙脱石，少量含有高岭石。耕种的褐土中，耕层的有机质含量为 10~20 g/kg，而自然褐土尤其是淋溶褐土和潮褐土等亚类，有机质含量可达 30 g/kg 以上。全氮含量约为 0.41 g/kg，供氮能力中等，有效磷含量较低，但速效钾含量相对较丰富，一般在 100 mg/kg 以上。整个剖面的盐基饱和度一般大于 80%，pH 值在 7.0~8.2。

典型的黑土剖面构型为 Ah-ABh-Btq-C。Ah 层（腐殖质层）：这一层通常厚度为 30~70 cm，但在某些情况下可能超过 100 cm。它呈黑色，并由黏壤土组成，具有团粒结构。水稳性团粒含量通常在 50% 以上。当潮湿时，这一层变得柔软和多孔，呈现疏松的结构。其 pH 值范围为 6.5~7.0，无石灰反应。ABh 层（过渡层）：厚度不一，一般在 30~50 cm，暗灰棕色，由黏壤土构成，可能呈现小块状结构或核状结构。在此层中可见明显的腐殖质舌状淋溶条带，有时可见黄色或黑色的填土动物穴。无石灰反应，pH 值约为 6.5。Btq 层（淀积层）：厚度不等，一般为 50~100 cm。颜色不均一，通常在灰色背景下，有大量黄色或棕色的铁锰锈纹、锈斑和结核。由黏壤土组成，可能呈现小棱块或大棱块结构。在结构体表面上可见胶膜和 SiO_2 粉末。这一层较紧实，pH 值约为 7.0，无石灰反应。C 层（母质层）：这一层通常由黄土状堆积物组成。

黑土的机械组成相对均一，质地黏重，一般为壤土或黏壤土。土体结构良好，表层土壤主要以团粒结构为主，容重为 1.0~1.4。黑土的有机质含量相当丰富，自然土壤中的含量在 50~100 g/kg，草原土壤中最高。黑土的黏土矿物组成以伊利石和蒙脱石为主，同时含有少量的绿泥石、赤铁矿和褐铁矿。其黏粒硅铝率在 2.6~3.0。此外，黑土的养分含量也非常丰富，表层土壤中全氮含量 1.5~2.0 g/kg，全磷含量 1.0 g/kg 左右，全钾含量在 13 g/kg 以上。

四、亚类

褐土主要包含以下亚类：普通褐土、淋溶褐土、石灰性褐土、潮褐土、塿土、褐土性土；黑土主要包含以下亚类：黑土、白浆化黑土、草甸黑土、表潜黑土。

五、利用和存在的问题

位于平原地区的褐土（如潮褐土）土体厚度较大，质地适中，通常具备灌溉条件，耕作方式较为精细，土壤熟化程度较高，是历史悠久的耕作土壤。适宜种植的作物包括玉米、小麦、高粱、大豆、花生和棉花等。此外，一些地区的褐土也适宜发展果业，适宜种植的水果包括苹果、梨、葡萄、桃、山楂等。

我国黑土区地势较为平坦开阔，光热水资源丰富或适宜，土质肥沃，盛产玉米、小麦、大豆、高粱等，是中国重要的商品粮生产基地。黑土具有良好的自然条件和较高的土壤肥力，生产潜力很大。为实现更高的农业产量和质量，未来需要加强农田基本建设，改善农业生产条件，建立高效的人工农业生态系统，以及构建旱涝保收的高产稳产农田。

黑土开垦后，失去自然植被的保护，在夏秋雨水集中的季节，易形成地表径流，发生水土流失；春季多风季节，还容易发生风蚀。因此，黑土合理利用的重点是要做好水土保持。另外，开垦后的黑土腐殖质含量明显降低，目前耕地黑土土壤有机质含量仅为 $20\sim40$ g/kg，比自然黑土 $50\sim80$ g/kg 降低了一半左右。据全国第二次土壤普查统计资料分析，黑土区土壤有机质含量约以每年 0.01 g/kg 的速度降低。因此，要注意合理培肥。最后，黑土区春季干旱多风，要注意春季抗旱保墒，以提高作物出苗率。

六、改良措施

对于中低产褐土，首先，需要开发水源，扩大水浇地面积，以发展节水灌溉方式满足作物对水分的需求。其次，应加强肥源的广泛利用，改善土壤肥力，推广秸秆还田，合理施用化肥，并优化施肥技术。

针对黑土的水土流失问题，应注意修建过渡梯田或水平梯田，采取等高耕作或等高种植的方法，对于侵蚀严重的区域，可以考虑退耕还林还草的措施。针对黑土有机质下降的问题，应增施有机肥，积极倡导秸秆还田，同时要实施合理的配方施肥和平衡施肥措施。

七、黑土改良利用案例

案例一：黑土侵蚀及其防控措施

【背景】黑土易受风和水的侵蚀作用而退化。一个著名的案例是 20 世纪 30 年代在美国发生的"黑色风暴事件"（Dust Bowl）。风暴起因是由于干旱和持续数十年的农业扩张，对北美大平原原始表土的深度开垦破坏了原本固定土壤、贮存水分的天然草场，以及未有相关防止水土流失的措施。风暴事件造成了美国和加拿大大草原上的生态和农业巨大遭受了巨大破坏，引发了大规模的人口迁移以及广泛的饥荒和贫困。

在气候、土壤和地形相对稳定的土地上，土壤管理是决定土壤侵蚀的关键因素。然而，在我国的黑土地区，农业耕作措施往往缺乏残留物覆盖来保护土地免受雨滴的直接冲击。常规的田间操作，包括深耕、深犁、清理地面残留物、多次耕地和垄作等，会破坏土壤结构并加速土壤有机物质的矿化率，从而加剧了土壤侵蚀的过程。

【对策】

1. 垄向区田耕作（basin tillage）

早在 20 世纪 40 年代，我国的研究人员就知道了垄向区田耕作在减少径流和提高作物产量方面的重要性（图 6-1）。在 20° 和 27° 坡度的田地上，使用垄向区田耕作进行谷子生产，与对照组相比，径流分别减少了 83% 和 47%，而谷子产量增加了 9%~68%。

2. 等高耕作（contour tillage）

等高耕作是斜坡土地上最简单的土壤侵蚀控制措施，与沿坡耕作相比，它既减少了径流，又增加了水的渗透。它适用于坡度小于 10° 的农田，特别适用于坡度小于 5° 的农田。一项为期 5 年的研究发现，在 4.88° 的坡度上，将垄的方向从上下坡改为横向后，等高耕作减少了 71% 的径流，年表土损失减少了 0.01~0.26 cm。一项针对国营农场的调查中发现，与沿坡的垄耕作相比，等高耕作减少了 67%~75% 的径流，产量提高了 25%，并提高了土壤肥力。

3. 保护性耕作（conservation tillage）

我国东北黑土地区推行的两种保护性耕作方式分别是：①减少耕作并

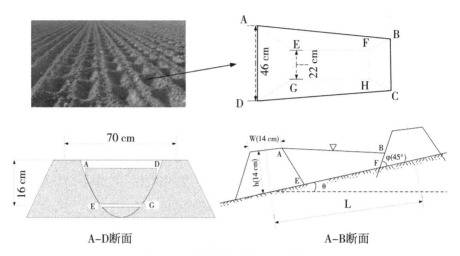

图 6-1　垄向区田耕作（示意图）

（Sui et al., 2016）

移除稻草（reduce tillage），这种方法保留了往年的垄和作物茬，夏季在垄之间进行深耕，以提高水的渗透和储存。②不耕作（no tillage），这种方法包括横向种植，并在冬季保留作物残留物在地表。在减少耕作的情况下，通过在作物早期生长季手动锄草和使用机器进行除草，而在不耕作的情况下，通过使用除草剂控制杂草。研究发现，吉林省不耕作下作物产量的增加主要是由于春季土壤水分的增加，这有助于作物的出苗。

4. 梯田耕作（terrace cultivation）

梯田是一种常见于山地和丘陵地区的农业生产方式，分为水平梯田、坡式梯田和隔坡梯田 3 种。梯田的阶梯式排列有利于水土保持，防止水土流失。近 20 年来，在我国黑土地的部分地区也开始试行梯田技术以减少水土流失。

案例二：秸秆深施对黑土的改良

【背景】由于长期以来黑土地遭受大规模开垦和过度使用化肥的影响，不仅导致耕作层变浅，而且其有机碳储存量显著减少。同时，黑土结构的破坏也引发了土壤的退化，导致肥力逐年下降。因此，如何改良黑土并提升其土壤肥力成为一项重要课题。

秸秆还田被认为是改善土壤质量的重要手段。通过增加土壤的有机质含量，提高土壤微生物的活性，秸秆还田可以有效提升土壤肥力。这种方法对于改善土壤质量、提高作物生产力以及实现农业生态系统生产力的可持续发展具有重要意义。秸秆浅层还田可以显著增加表层土壤的有机碳含量和腐殖物质的含量。然而，长期的浅层旋耕还田导致大量秸秆混合在耕作层的 12~15 cm 未能及时腐烂，这些秸秆占耕层土壤质量的 1%~1.5%。这种情况导致土壤变得松散，容重降低，结构性变差，对作物的出苗率产生负面影响，并且对亚表层及更深土层的有机碳积累作用相对较小。

【对策】"秸秆深还"则是一种新型的秸秆还田方式，与秸秆浅层还田不同，它首先将秸秆还田的土壤深度基本上达到 25~30 cm，即耕作层以下；其次，还田的时间也有所不同，"秸秆深还"主要是在玉米收获后的秋天进行，而传统的秸秆还田通常在春节前后或根据地区情况而定。已有研究显示，秸秆深还能够显著提高土壤亚表层的活性有机碳含量，加深土壤的腐殖化程度，降低胡敏酸结构的缩合度和氧化度，并增加脂族链烃和芳香碳的含量。

第七章　土壤干旱土纲共同特性及棕钙土改良利用案例

干旱土纲是指因长期缺乏有效水分（>15 bar 张力的水分），具有淡色表层和盐积层或石膏层或钙积层或黏化层的土壤。我国干旱土纲主要包括温带荒漠草原棕钙土和暖温带荒漠草原灰钙土两个土类。主要分布在内蒙古高原和鄂尔多斯高原中西部、新疆、宁夏、甘肃、青海、陕西等省（自治区），我国棕钙土面积 2 649.77 万 hm²，其中新疆棕钙土面积最大，占比为 53.8%；其次是内蒙古棕钙土面积占比 40.1%；灰钙土面积 537.17 万 hm²，其中甘肃省灰钙土面积最大，占总面积的 54.3%；再次是宁夏灰钙土面积占比为 24.5%。棕钙土和灰钙土是我国主要的牧业基地，由于降水稀少，旱作农业受限制，是灌溉农业地区。

一、成土条件

棕钙土分布区为温带干旱大陆性气候，年均气温 2~7 ℃，≥10 ℃的积温 1 400~2 700 ℃，年降水量 100~300 mm，干燥度 2~4。因其分布范围广阔，东西部降水量的季节分配有颇为明显的差异，东部受东南季风影响，2/3 的降水集中在夏季，西部新疆地区受西风影响，四季降水较为均匀。棕钙土分布地形多为剥蚀的地面起伏不大的高原、残丘和山前冲积–洪积平原，成土母质复杂，以砂砾质残积物、洪积–冲积物和风成沙为主，少数发育于黄土母质。棕钙土的植被具有草原向荒漠过渡的特征，如小针茅、沙生针茅，伴生冷蒿、狭叶锦鸡儿、红砂、假木贼以及小禾草等。

灰钙土是发育于暖温带荒漠草原地带，年均气温 5~9 ℃，≥10 ℃的积温 2 000~3 400 ℃，年降水量 180~300 mm，略高于棕钙土。因我国灰钙土分布是不连续的，它分东、西两个区，东西两个分布区在温度和降水方面有明显的差异，灰钙土分布的地形为起伏的丘陵和由洪积、冲积扇组成的河谷山前平原及河流高阶地等，成土母质以黄土及黄土状物为主。植被类型也受到影响，东区自然植被为蒿属–多种草类与蒿属–猪毛菜等群落；而西区为蒿属–短命植物群落。

二、主要成土过程

（一）弱腐殖质积累过程

因棕钙土的植被主要为旱生及超旱生灌丛，灰钙土地面植被以半灌木蒿属植物为主，在干旱气候条件下，其腐殖质积累过程明显减弱，腐殖质积累量很少、结构比较简单，相比之下灰钙土的腐殖质层较厚，颜色较深。

（二）石灰、石膏和易溶盐的淋溶与淀积

尽管棕钙土和灰钙土分布在干旱地区，但其降水相对比较集中，土壤中的盐基离子受到一定的淋溶，因各元素的迁移速率不同，在剖面发生分异，钙积层层位比较高，石膏和易溶盐积聚在土体下部。一般棕钙土钙积层出现在 20~30 cm 处，灰钙土钙积层出现在 30~50 cm 处，可观察到假菌丝状的 $CaCO_3$ 聚积。

（三）弱黏化与铁质化

棕钙土 A 层下部产生残积黏化，矿物分解释放出含水氧化铁，在干热条件下逐渐脱水成红棕色的氧化铁，与黏粒及腐殖质一起使 B 层染上褐棕色色调。而灰钙土基本没有此过程。

三、基本理化性质

棕钙土和灰钙土的剖面一般有腐殖质层、钙积层与母质层构成，因淋溶作用较弱，在剖面中还可能出现碱化、盐化与石膏化相应的发生层，棕钙土剖面构型一般为 Ah-Bw-Bk-Cyz，灰钙土剖面构型为 Al-Ah-Bk-C、Al-Ah-Bk-Cy 或 Al-Ah-Bk-Cz 等。灰钙土的剖面发育相对棕钙土微弱。

干旱土纲土类地表多砂砾化，常有厚薄不一的风积砂或小砂包，没有砂砾化地段地表有发育微弱的多角形裂缝与薄假结皮，其上着生较多的低等植物，一般土层较薄，腐殖质层薄，结构性差，有机质含量在 6~

25 g/kg，碳氮比值为 7~12，HA/FA＜1，土壤质地因母质或区域而异，棕钙土质地多为砂砾质细砂土与砂粉土，粉黏土较少。灰钙土新疆地区多为重壤土和中壤土，东部地区的灰钙土质地较粗，以砂粉土与粉土为主。土壤呈碱性反应，pH 值 8.0~10，阳离子交换量较低，黏粒的硅铁铝率在 2.8~4.0，黏土矿物以水云母为主，次为蒙脱石，并有铁的氢化物出现。因季节性弱淋溶程度差异，钙积层位出现在 10~40 cm，不同亚类剖面中还有石膏、盐分积累层与碱化现象。

四、亚类

棕钙土分为暗棕钙土、棕钙土、淡棕钙土、草甸棕钙土、盐化棕钙土、碱化棕钙土和棕钙土性土 7 个亚类。灰钙土分为普通灰钙土、淡灰钙土、草甸灰钙土和盐化灰钙土 4 个亚类。

五、利用和存在的问题

干旱土纲两土类地区气候干旱、多风、降雨少且分布不均，以畜牧业为主，农业依靠灌溉。该区域光热资源丰富，适合种植玉米、棉花、油葵等喜温作物。保证灌溉条件下农作物可两年三熟。因昼夜温差大，有利于作物对营养物质的吸收与积累，特别是葡萄、哈密瓜、香梨、小红枣和枸杞等瓜果糖分的积累。该区域也是我国优质长绒棉、蔬菜的重要生产基地。独特的自然环境孕育了许多具有抗旱、耐盐、抗风蚀、抗沙埋的植物，为培育优良抗逆性、经济性植物品种提供了宝贵的物种资源。

两土类分布区热量条件虽较好，但有水分条件较差、土层薄、质地粗、砾石多、有机质和矿质养分（N、P 等）含量低、盐分重、易旱、结构板结等障碍因素，此外，因长期超载放牧造成草地退化；或农田长期连作，耕种粗放，导致土壤肥力迅速下降；在排灌系统不配套的地方，蒸发强烈，淋溶和脱盐过程极端微弱，土壤发生现代积盐过程，有的地方由于滥用水资源，土壤次生盐渍化也很严重。

六、改良措施

缺水是干旱土纲所在地农牧业发展的主要矛盾，所以要合理规划，充分开辟和利用水源，搞好水利建设。精细平整土地，推行细流沟灌、高埂淹灌、小水畦灌，积极推广应用节水灌溉新技术（喷灌、滴灌、渗灌）和相应的节水农业的土壤管理措施，防止次生盐渍化；营造防风林带，防止土壤风蚀沙化，并通过种植绿肥、秸秆还田、增施有机肥及氮磷化肥，适当补充微量元素（钼、锰、锌、硼）等改良措施，保证农畜牧业的持续发展。

七、棕钙土改良利用案例

案例一：合理水肥运筹改良棕钙土

【背景】一八三团栽种南瓜、玉米、小麦、油葵、打瓜等作物，80%以上的耕地采用滴灌种植，尽管通过合理水肥运筹，获得了较好的经济效益，但还存在较多问题。如地面不平整造成部分地块滴灌不均匀，且推广滴灌以来，秋灌面积逐年减少，部分耕地因地面蒸发表层积盐，影响作物的正常生长；在高温夏季，由于人为延长滴水时间，造成能耗显著增加，提高成本。

肥料使用品种多、施用量高，一般凭经验施肥，每亩（1 亩 $\approx$ 667 m^2）施尿素 30 kg 以上，磷酸二铵 10~15 kg，另外还施用液体有机肥、硝态氮肥、磷酸二氢钾等肥料，导致肥料利用率低，成本高。

【对策】

1. 根据地形合理铺设滴灌管道

针对地面不平整，地形与土壤保水实际情况布设管道，地势低处保水强的地方控制水量和滴水次数，地势高处直接连接主管，增加滴水量和次数，达到灌水均匀，满足作物需水要求。

2. 建立合理的灌溉制度

结合作物生长需水规律和气候特点，播前采用膜下滴灌技术，使膜内耕层土壤含水量满足作物种子发芽时播种，可提高作物出苗率；在 7 月、8 月高温季节实施"浅灌勤灌"，每 3 天滴灌 1 次水，水源不足的情况下，结合作物生理需水特性，采用咸淡轮灌和微咸水膜下滴灌技术，同时注重秋灌，均可减轻土壤表层积盐，以保证作物正常生长。

3. 化肥减量，合理施肥

根据作物需肥规律和土壤供肥特性，通过测土配方施肥，有机肥与无机肥合理搭配，同时叶面喷施微量元素，在使作物营养均衡的同时，有效培肥地力，改善土壤团粒结构，最大限度地提高肥料利用率。例如，随着磷肥的增施，土壤有效磷含量不断提高，普遍在 16~50 mg/kg，因此磷肥可以少施或隔年施；另外该案例中通常不施钾肥，导致土壤速效钾含量下降甚至缺乏，对此应适当增施钾肥。

案例二：施肥改良棕钙土

【背景】棕钙土为主，砂性大，砾石多，质地疏松，土壤养分钾丰富但缺氮、磷。

一直以来，生产上施肥均以经验施肥为主，重氮、轻磷，不施钾，致使肥料利用率低，生产成本高，经济效益低。故探索最佳的氮磷钾施用配比，指导生产，科学施肥以提高肥料利用率，降低生产成本，增加作物产量，提出关键技术措施迫在眉睫。

【材料与方法】

1. 试验材料

供试小麦：新冬 18 号；供试土壤为棕钙土，土壤有机质 18.4 g/kg，全氮 0.85 g/kg，全磷 0.61 g/kg，碱解氮 58.2 mg/kg，速效磷 3.8 mg/kg，速效钾 167.5 mg/kg，pH 值为 8.16；供试肥料为尿素（含 N 46%）、三料磷（重过磷酸钙，含 P_2O_5 46%）、硫酸钾（含 K_2O 33%）。

2. 试验方法

试验地点为塔城地区农科所，试验采用氮磷钾三因素四水平 14 个处理，即 3414 类回归设计（表 7-1），小区面积 9.6 m^2（长 6 m×宽 1.6 m），每处理 3 次重复，随机排列。其中磷钾肥全部作基肥，氮肥 50% 作基肥，50% 作追施，整个生育期浇水 4 次，成熟期人工收割，小区单打单收。

表 7-1　试验设计

处理	代码	养分/（kg/亩）			肥料/（kg/小区）		
		N	P_2O_5	K_2O	N 肥	P 肥	K 肥
1	$N_0P_0K_0$	0	0	0	0	0	0
2	$N_0P_2K_2$	0	10	3.33	0	0.33	0.14
3	$N_1P_2K_2$	6.67	10	3.33	0.21	0.33	0.14

（续表）

处理	代码	养分/（kg/亩）			肥料/（kg/小区）		
		N	P$_2$O$_5$	K$_2$O	N 肥	P 肥	K 肥
4	N$_2$P$_0$K$_2$	13.33	0	3.33	0.42	0	0.14
5	N$_2$P$_1$K$_2$	13.33	5	3.33	0.42	0.17	0.14
6	N$_2$P$_2$K$_2$	13.33	10	3.33	0.42	0.33	0.14
7	N$_2$P$_3$K$_2$	13.33	15	3.33	0.42	0.50	0.14
8	N$_2$P$_2$K$_0$	13.33	10	0	0.42	0.33	0
9	N$_2$P$_2$K$_1$	13.33	10	1.67	0.42	0.33	0.07
10	N$_2$P$_2$K$_3$	13.33	10	5	0.42	0.33	0.22
11	N$_3$P$_2$K$_2$	20	10	3.33	0.63	0.33	0.14
12	N$_1$P$_1$K$_2$	6.67	5	3.33	0.21	0.17	0.14
13	N$_1$P$_2$K$_1$	6.67	10	1.67	0.21	0.33	0.07
14	N$_2$P$_1$K$_1$	13.33	5	1.67	0.42	0.17	0.07

注：数据来源于杨芳永等（2007）。

3. 结果分析

（1）不同处理的增产效果。由表 7-2 看出，与对照（N$_0$P$_0$K$_0$）相比，各施肥处理均显著增产，增产幅度为 45.73%~109.44%，其中处理 N$_2$P$_2$K$_3$ 产量最高，但与处理 N$_2$P$_3$K$_2$、N$_2$P$_2$K$_0$、N$_2$P$_2$K$_1$、N$_3$P$_2$K$_2$ 4 个处理差异不显著；处理 N$_0$P$_2$K$_2$ 产量最低，仅与处理 N$_2$P$_0$K$_2$ 差异不显著。可见，施肥均能增产，但不施氮肥只施磷钾肥增产幅度最小，氮磷钾肥施用比例（N：P$_2$O$_5$：K$_2$O）为 1：0.69：0.24 时增产效果最佳。

表 7-2　不同处理对冬小麦的增产效应　　　　（单位：kg/亩）

处理	产量			平均产量
	重复Ⅰ	重复Ⅱ	重复Ⅲ	
1	209.8	205.0	211.0	208.6 g
2	295.9	314.2	301.7	304.0f
3	362.3	339.3	379.0	360.2de
4	327.1	314.2	334.1	325.1ef
5	348.4	377.0	360.5	362.0de

处理	产量			平均产量
	重复 I	重复 II	重复 III	
6	372.8	403.3	369.6	381.9bcd
7	400.9	436.2	386.3	407.8abc
8	432.4	417.3	386.4	412.0ab
9	386.6	399.2	468.7	418.2ab
10	401.3	490.5	419.0	436.9 a
11	424.4	417.3	417.3	419.7ab
12	432.4	364.3	369.6	388.8bcd
13	364.3	361.1	377.1	367.5cde
14	337.9	404.4	348.8	363.7de

注：同一列不同字母表示不同处理间差异显著（$P < 0.05$）。数据来源于杨芳永等（2007）。

（2）氮、磷、钾最佳经济施肥量分析。施肥模型的建立应用 SPSS 软件对试验数据进行回归分析，并建立施肥模型为：

$$Y = 211.534\,4 + 5.787\,6\,W_N + 11.105\,7\,W_P + 33.880\,8\,W_K + 1.014\,0\,W_N W_P -$$

$$1.207\,8\,W_N W_K - 3.187\,2\,W_P W_K - 0.320\,5\,W_N{}^2 - 0.569\,6\,W_P{}^2 + 2.978\,0\,W_K{}^2$$

对其回归系数、相关性进行显著性检验，$F = 10.280^*$（$F_{0.05} = 5.999$、$F_{0.01} = 14.659$）达到显著水平，相关系数 $r = 0.979\,1^*$ 达到显著水平，说明施肥量与产量相关性显著，上述回归方程可以用于不同边际肥料利润率（R）、施肥量及其最佳施肥量的预测。

（3）应用施肥模型确定施肥量与经济效益的关系。

根据边际产量与边际利润率的关系：

$$\frac{d_y}{d_{xi}} = \frac{P_{xi}}{P_y}(R + 1)$$

式中，d_y / d_{xi}，边际产量；P_{xi}，某种肥料的单价；P_y，小麦的单价；R，边际利润率。

通过施肥模型与经济效益的关系，根据利润率 R 值确定施肥量，当 $R = 0$ 时，即边际效益＝边际成本，此时的施肥量为最佳施肥量即经济效益最大。杨芳永（2007）试验结果表明（表 7-3）最佳施肥量每亩纯 N

14. 86 kg，P_2O_5 10. 27 kg，K_2O 3. 51 kg，最佳产量为 413. 06 kg，此时 N：P_2O_5：K_2O 为 1：0. 69：0. 24。每亩肥料成本为 128. 64 元，施肥最大利润为 179. 69 元；当 $R = -1$ 时，即施肥的边际产量为零，产量达到最高，施肥量再增加，产量也不再增加。此时施肥量最大，每亩施纯 N 19. 59 kg，P_2O_5 12. 81 kg，K_2O 5. 13 kg，最高产量为 426. 27 kg，每亩肥料成本提高到 169. 18 元，所获施肥利润为 159. 37 元。

然而，在农业生产中为了达到投资少、能获得较高的稳定利润，避免投资风险，常采用 $R > 0$ 的施肥量，而不是 $R = 0$ 经济最佳施肥量。

表 7-3　不同利润率（R）的施肥量与施肥利润

R	N/（kg/亩）	P/（kg/亩）	K/（kg/亩）	产量 Y/（kg/亩）	增产 ΔY/（kg/亩）	增产值 $\Delta Y P_y$/（元/亩）	肥料成本 I/（元/亩）	肥料利润 π/（元/亩）
-1	19. 59	12. 81	5. 13	426. 27	214. 74	328. 55	169. 18	159. 37
0	14. 86	10. 27	3. 51	413. 06	201. 53	308. 33	128. 64	179. 69
0. 1	14. 38	10. 01	3. 35	410. 28	198. 75	304. 08	124. 59	179. 49
0. 2	13. 91	9. 76	3. 19	407. 24	195. 70	299. 42	120. 53	178. 89
0. 3	13. 44	9. 50	3. 03	403. 93	192. 39	294. 36	116. 48	177. 88
0. 4	12. 96	9. 25	2. 86	400. 35	188. 82	288. 89	112. 43	176. 47
0. 5	12. 49	9. 00	2. 70	396. 51	184. 98	283. 02	108. 37	174. 65

注：N 3. 70 元/kg、P_2O_5 5. 00 元/kg、K_2O 6. 36 元/kg，小麦单价 1. 53 元/kg。数据来源于杨芳永等（2007）。

4. 结论

（1）试验结果表明施用氮磷钾肥对冬小麦均有显著的增产效果，其中对冬小麦的作用效果：氮肥＞磷肥＞钾肥，氮肥施肥量每亩达到 13. 3 kg 以上时，适当配施磷钾肥均能显著增产，尽管棕钙土钾素含量较高，但当产量达到一定时，除施用氮磷肥外，必需增施钾肥才能进一步提高产量。

（2）通过施肥模型与经济效益的关系，获得最佳经济产量和最高产量的氮磷钾施肥比例，可为同类土壤上同种作物生产施肥用量提供理论依据。

第八章　土壤漠土土纲共同特性及
灰漠土改良利用案例

漠土又称荒漠土，是漠境地区的地带性土壤。我国漠境地区面积很大，约占全国总面积的1/5，包括新疆、甘肃、内蒙古、青海和宁夏等省（自治区）的一部分或大部分。根据水热条件的不同，中国荒漠分为两个地带：大致以天山、马鬃山至祁连山一线为界，其北为干旱温带荒漠，包括准噶尔盆地、河西走廊及阿拉善地区；南为极端干旱的暖温带荒漠，包括塔里木盆地、噶顺戈壁及柴达木盆地西部。

一、成土条件

灰漠土形成于温带荒漠生物气候条件下，如新疆，夏季炎热干旱，冬季寒冷多雪，春季多风且风力较大；年平均气温4.5~7.0 ℃，≥10 ℃的积温3 000~3 600 ℃；年均降水量140~200 mm，年均蒸发量1 600~2 100 mm，干燥度4~6。植被组成较复杂，新天山北倾斜平原是以博乐蒿为主的荒漠植被，伴生少量的短命植物；盆地南缘临近沙漠地带是以假木贼为主的荒漠植被，伴生猪毛菜、琵琶柴等；老冲积平原是以琵柴为主的盐化荒漠植被，伴生碱柴、盐穗木等；在冲积扇与古老冲积平原之间的交接地带及河谷阶地上，是以草、红柳、白刺为主伴生苦豆子、矮芦苇等；在甘肃的河西走廊灰漠土地区，植被属旱生小灌木和草原化荒的植被，漠类型。新疆灰漠土主要发育在黄土状母质上，根据其来源与沉积特征又分为洪积黄土状母质冲积—洪积黄土状母质、冲积黄土状母质。甘肃河西走廊一带的灰漠主要发育在第三纪红土层与第四纪洪积砾石层上覆盖的黄土状沉积物上。

灰棕漠土是在温带大陆性干旱荒漠气候条件下形成的。主要特征是夏季炎热而干旱，冬季严寒而少雪；春、夏风多，风大，平均风速 4~6 m/s，气温日、年较差大，年均日较差 10~15 ℃，夏季极端最高气温达 40~45 ℃，冬季极端最低气温-36~-33 ℃；≥10 ℃的积温 3 000~4 100 ℃；年降水量 50~100 mm，6—8 月降水量占全年降水量的 50%左右，且多以短促的暴雨形式降落，年蒸发量 2 000~4 100 mm；冬季积雪极不稳定，最大积雪深度一般仅 5~10 cm。因此，植被主要为旱生和超旱生的灌木、半灌木，如梭梭、麻黄、假木贼、戈壁黎等，覆盖度一般在 5%以下，甚至为不毛之地。灰棕漠土广泛发育在北疆和东疆北部的砾质洪积-冲积扇、剥蚀高地及风蚀残丘上。成土母质主要有两类：在山前平原上为沙砾质洪积物或洪积-冲积物；在低山和剥蚀残丘上为花岗岩、片麻岩与其他古老变质岩等风化残积物或坡积物，以粗骨性为主，细土物质甚缺。

棕漠土分布地区的夏季极端干旱而炎热，冬季比较温和，极少降雪；≥10 ℃的积温多为 3 300~4 500 ℃（新疆吐鲁番最高可达 5 500 ℃）；1 月气温-12~-6 ℃，7 月气温 23~32 ℃，平均气温 10~14 ℃，无霜期 180~240 天；降水量不到 100 mm 大部分地区低于 50 mm，托克逊、吐鲁番及且末、若羌一带仅有 6~20 mm；蒸发量 200~3 000 mm，哈密及番盆地高达 3 000~4 000 mm；干燥度 8~30，吐鲁番高达 85。因此，棕漠土分布地区植被稀疏简单，多为肉汁、深根、耐旱的小半灌木和灌木，以麻黄、伊林藜（戈壁藜）、琵琶柴、泡果白刺、假木贼、霸王合头草、沙拐枣等为主，覆盖度常常不到 1%。每公顷干物质产量多不足 375 kg。在这种气候条件下，棕漠土形成过程中的生物累积作用极其微弱，化学风化也很弱，蒸发强烈，土壤水分绝对以上升水流为主，从而形成了特殊的地球化学沉积规律，具有石灰表聚和强烈的石膏、易溶盐积累过程。由于风大频繁，风蚀作用十分强烈，土壤表层细土多被吹走，残留的沙砾便逐渐形成砾幂，从而造成棕漠土的粗骨性。

二、主要成土过程

1. 微弱的生物积累过程

荒漠植被极为稀疏，植物残落物数量极其有限，土壤表层的有机质含量通常在 5 g/kg 以下，很少超过 12 g/kg。

2. 孔状结皮和片状层的形成

风和水等外营力直接作用于地表细土物质，结合碳酸盐，可形成结皮层。与此同时，蓝绿藻和地衣于早春冰融时在土壤表层进行光合作用而放出 O_2，可形成微小的气孔；此外，在夏季高温下，阵雨的即时汽化也形成气孔，从而形成荒漠区所特有的具有海绵状孔隙的脆性表层 Al（孔状结皮层）。结皮层下薄片状层次的形成可能和土壤干湿交替及冻融交替等因素有关。

3. 荒漠残积黏化和铁质化过程

因在荒漠地表下一定土层厚度内水热状况相对能短暂地保持稳定，土内矿物就地蚀变风化形成残积黏化。与此同时，无水或少水氧化铁相对积聚，使土壤黏粒表面涂成红棕色或褐棕色，并形成相对紧实的 Bw 层。蚀变风化的氧化铁、锰可在雨后随岩石风化裂缝和毛管而蒸发于岩石表层，形成褐棕色的所谓"荒漠漆皮"。

4. 石膏和易溶盐的聚积

在荒漠条件下，石膏和易溶盐难于淋出土体，积聚于土层下部。正常情况下，易溶盐出现层位深于石膏。石膏和易溶盐的积累强度由灰漠土、灰棕漠土到棕漠土逐渐增加，同时，随干旱程度的增加出现层位升高。

三、基本理化性质

1. 剖面形态特征

荒漠土壤剖面构型为（Ar）-Al-Bw-Byz-Cyz，基本层次有 3 个：①海绵状结皮和结皮下的片状—鳞片状层 Al；灰棕漠土与棕漠土在砾质母质上使地表产生具有"荒漠漆皮"的砾石而形成砾幂（Ar）。②棕红色紧实的亚表层 Bw。③石膏与易溶盐聚集层，可以进一步分异为 BCy 与 Cz 等。由于母质类型和成土年龄不同，上述发生层的表现程度和厚度不仅因土类而异，而且在同一土类中也有较大变化。

2. 基本理化性状

①腐殖质含量很少，通常在 5 g/kg 以下。②土壤组成与母质近似，灰棕漠土和棕漠土粗骨性强，剖面中粗粒含量由上向下增多，地表多砾石。

③表层有海绵状多孔结皮，其下为片状层，B 层具"黏化"和"铁质化"的红棕色紧实层；普遍含有较多的石膏和易溶盐。④细土部分的阳离子交换量不高，多数不超过 10 cmol（+）/kg。⑤土壤矿物以原生矿物为主，含大量的深色矿物。黏粒含量低，黏粒矿物以水云母和绿泥石为主，伴生一定量的蛭石、蒙脱石和石英。⑥盐化和碱化相当普遍，pH 值一般高于 8.5。

四、亚类

我国的漠土包括灰漠土、灰棕漠土和棕漠土 3 个土类，归为漠土纲。灰棕漠土和棕漠土分别代表温带和暖温带典型漠境的土壤，灰漠土则为温带漠境边缘的过渡性土壤。灰漠土分为灰漠土、钙质灰漠土、盐化灰漠土、草甸灰漠土和灌耕灰漠土 5 个亚类。灰棕漠土分为灰棕漠土、石膏灰棕漠土、石膏盐磐灰棕漠土和灌耕灰棕漠土 4 个亚类。棕漠土分为棕漠土、石膏棕漠土、石膏盐磐棕漠土、盐化棕漠土和灌耕棕漠土 5 个亚类。

五、利用和存在的问题

（一）干旱、多风，农业依靠灌溉

该地区降水稀少，气候极端干旱，形成了"没有灌溉就没有农业"的特殊灌溉农业地带。高山冰雪融水是河流的主要补给源，如新疆 94% 以上的耕地靠河水、泉水灌溉。水的化学类型与矿化度垂直分带明显：山区一般是弱矿化（0.2~0.5 g/L）的重碳酸盐水，宜于灌溉；河水沿山下流，由于蒸发浓缩，矿化度逐渐升高，到达山前平原上部，一般多成为硫酸盐水；到扇缘和河流下游，河水的矿化度进一步提高，转变为氯化物水。虽然有冰川融雪水，但季节性变化大，春旱严重；同时荒漠草原和荒漠带地下水位深，水矿化度高，因此，水是当地农牧业发展的主要决定性因素。

该区全年平均风速为 3.3~35 m/s，超过临界起沙风速的天数为 200~300 天，8 级以上大风天数为 20~80 天。四季中以春季风速最大，尤其是 8 级以上大风 40%~70% 集中在春季。干燥的沙质地表在风力吹扬下，很容易被风蚀，形成沙尘暴、扬沙和浮尘，危害着农田。在高温多风的条件下，相对湿度小于 20%，还易形成干热风，给农作物生育期带来较大灾害。

（二）土壤障碍因素多

干旱和强烈的蒸发，造成土壤以上升水流为主，淋溶和脱盐过程极端微弱，土壤现代积盐过程占主导地位。由于生物作用微弱，土壤有机质极为贫乏，加之干旱、风多、风大，水源奇缺，土壤普遍存在土层薄、土质粗、砾石多、盐分重、瘠薄（缺有机质、N、P）、易旱易板等障碍因素，给土壤开垦带来许多困难。

（三）土地退化严重

该区不能从事雨养农业，目前主要是天然牧场。由于超载过牧，草场土壤风蚀、沙化极为严重。农田长期连作，耕种粗放，土壤肥力下降，在排灌系统不配套的地方，由于滥用水资源，土壤次生盐渍化严重。

六、改良措施

（一）利用方向以牧为主，牧农林结合

以草定畜，固定草场使用权，划区轮牧，防止超载过牧，以利于草场资源的恢复。特别要将依赖天然降水种植的"闯田"退耕种植人工牧草，建成割草场，成为冬季畜群过冬育肥基地。加强农田基本建设，提高单产，一方面为农区人民生活提供足够的产品，另一方面也为牧区提供精饲料。林业发展以农田防护林、牧场防护林、防风固沙林、水土保持林、水源涵养林和四旁林为主，严禁或限制山区林木采伐。

（二）充分开辟和利用水源，发展灌溉绿洲农业及饲草料基地

引水灌区要控制灌定额减少渠系渗漏，灌排配套，防止次生盐渍化；井灌区要注意地下水平衡，防止过采。灌溉农业要积极推广应用节水灌溉新技术（喷灌、滴灌、渗灌）。充分利用光热资源，建立粮食、棉花、瓜果、葡萄、甜菜等优质农产品基地。

（三）保护、恢复生态体系

要通过法律手段结合围封育林育草，划定一批自然保护区、四禁（禁垦、禁伐、禁牧、禁猎）区和四限（限耕、限牧、限樵、限灌）区，保护好现有植被；通过飞播造林种草和人工造林种草，恢复和建设植被，逐步建成乔、灌、草，带、片、网，防护绿化、美化的多层次、多功能的完整

生态体系。

（四）已开垦农用或将开垦农用的荒漠土壤

（1）深耕、伏翻晒垡。灰漠土的红棕色紧实层，特别是碱化灰漠的碱化黏化层，以及老耕地的紧实犁底层，都是阻碍灌溉水渗透和作物根系伸展的障碍土层。无论是新垦耕地还是老地，一般都需要通过人工深耕来打破这个"铁门坎"，以提高土壤的渗透性和洗盐改碱的效果。通过深耕晒垡，破除板结层，加速土壤熟化。

（2）精细平整土地，推行细流沟灌、高埂淹灌、小水畦灌，必须有一套节水农业的土壤管理措施。

（3）种植苜蓿，增施有机肥，合理施用化肥，提高改培肥效益。干旱区土壤钾丰富而缺氮磷，微量元素中钼、锰、锌、硼多在临界值或以下；应增施氮、磷肥，适当补充微量元素。

（4）防止土壤风蚀沙化。少耕与免耕，作物留茬。如兰州农民创造的"沙田"的利用方式，即在土壤表层铺上粗沙和小卵石或碎石，以减少土壤表面蒸发，抵抗风蚀和提高地温等。防止土壤风蚀沙化还必须营造农田防护林体系。

七、灰漠土改良利用案例

【背景】新疆灰漠土分布地区虽具有丰富的光热土地资源，但是处于广袤的荒漠背景上的天山北麓灰漠土地带，生态环境非常脆弱，不合理的生产方式成为影响农业可持续发展的主要限制因子。然而，在高度熟化的灰漠土上小麦、玉米单产较高。生产实践证明灰漠土虽属低产土壤，但增产潜力巨大。

长期定位肥料试验是以"培肥地力、增加产量"为主要研究内容，针对如何施肥，不仅满足产量和效益、土壤培肥作用，更兼顾施肥的环境效应和资源高效利用，为灰漠土区土壤持续发展提供理论指导和参考依据，丰富干旱区土壤发育规律研究。

【材料与方法】

1. 试验设计

长期定位肥料试验始于 1990 年，供试土壤为灰漠土，主要发育在黄土状母质上。耕层（0~20 cm）土壤基本理化性状：有机质含量 15.2 g/kg，全氮 0.868 g/kg，全磷 0.667 g/kg，全钾 23 g/kg，碱解氮 55.2 mg/kg，有效磷 3.4 mg/kg，速效钾 288 mg/kg，缓效钾 1 764 mg/kg，pH 值 8.1，CEC 16.2 cmol（+）/kg，容重 1.25 g/m³。一年一熟，轮作设为冬小麦-玉米-春小麦（棉花），2009 年以后将春小麦季改为棉花季。

试验设 10 个处理：不耕作（撂荒，CK_0）；不施肥、耕作（CK）；氮（N）；氮磷（NP）；氮钾（NK）；磷钾（PK）；氮磷钾（NPK）；常量氮磷钾 + 常量有机肥（NPKM）；增量氮磷钾 + 增量有机肥（1.5NPKM）；氮磷钾 + 秸秆还田（4/5NPK+S）。小区长 34.4 m，宽 13.6 m，面积 468 m²，不设重复，小区间隔 40 cm，采用预制钢筋水泥板埋深 70 cm，地表露出 10 cm 加筑土埂，避免了漏水渗肥现象。N、P、K 肥分别用尿素、磷酸二铵、三料磷和硫酸钾，N：P_2O_5：K_2O = 1：0.6：0.2；有机肥为羊粪，含 N 8.0 g/kg、P_2O_5 2.3 g/kg、K_2O 3.0 g/kg；秸秆还田是当季作物的秸秆。

施肥方法：总氮量 60% 的氮肥及全部磷、钾肥作基肥，在播种前将基肥均匀撒地表，深翻后播种；40% 的氮肥作追肥，冬小麦追肥在春季返青期和扬花期各 1 次春小麦在拔节期和扬花期各追肥 1 次，玉米在大喇叭口期 1 次沟施追肥；棉花（沟灌条件下）在蕾期、花铃期各追肥 1 次，在滴灌条件下，随水滴肥，整个生育期滴水 10~12 次，滴肥 7~9 次。有机肥（羊粪）每年施用 1 次，于每年作物收获后均匀撒施深耕，秸秆还田是利用该小区中当季作物收获后的全部秸秆粉碎撒施后深耕。

长期试验的玉米品种为 Sc704、新玉 7 号、中南 9 号，5 月上旬播种，播种量为 45 kg/hm²，于 9 月下旬收获；棉花品种为新陆早系列和伊陆早 7 号，4 月中下旬播种量为 60~75 kg/hm²，9 月中旬开始收获；春麦品种为新春 2 号、新春 8 号 4 月上旬播种，播种量为 390 kg/hm²，7 月下旬收获；冬麦品种分别为新冬 17 号、新冬 18 号和新冬 19 号，播种量为 375 kg/hm²，9 月下旬播种，翌年 7 月中旬收获。

2. 样品采集方法

在玉米、小麦和棉花收获前取样，进行考种和经济性状测定，同时取植株分析样，冬小麦、春小麦和玉米植株按每小区 3 点，冬小麦、春小麦每点不低于 50 株，玉米不低于 20 株取样。籽粒、茎秆样品经风干粉碎后留作分析和保存之用。在每季作物收获后取土壤样品，每小区取样 10 个点混合成一个样，取样深度 0～20 cm、20～40 cm，取样后立即风干保存，并取部分土样磨细过 1 mm 和 0.25 mm 筛，供测试分析用。

【结果分析】

1. 土壤有机碳含量

CK、N、NP、NPK、NPKM 5 个处理不同土层有机碳含量均表现为 0～20 cm＞20～40 cm ＞40～100 cm；NPKS、1.5NPKM 处理不同土层有机碳含量均表现为 0～20 cm＞20～40 cm＞40～60 cm＞60～100 cm。这表明 NPKS 与 1.5NPKM 处理可以影响灰漠土 0～60 cm 有机碳的含量。

同一施肥处理不同土壤层次间有机碳含量的变幅存在明显差异：1.5NPKM 处理 0～20 cm 土层有机碳含量是 80～100 cm 土层的 4.9 倍；CK 处理 0～20 cm 土层有机碳含量是 80～100 cm 土层的 2.3 倍。0～20 cm 土层内，与 CK 相比，NPKM、1.5NPKM 两个处理的有机碳含量显著提高，增幅分别高达 109.7% 和 183.1%；N、P、NPK、NPKS 处理有机碳含量均有不同程度的提高，增幅在 6.3%～21.9%。20～40 cm 土层内 NPKM、1.5NPKM 处理与 CK 相比分别是高了 37.2% 和 93.6%，其余处理有机碳含量与 CK 相比无明显差异。在 40～60 cm 土层内 1.5NPKM、NPKS 两处理的有碳含量比 CK 显著提高了 42.1%、26.3%，其余处理与 CK 相比无明显差异；不同施肥处理之间在 60～100 cm 内有机碳含量无明显差异（表 8-1）。

表 8-1　不同施肥处理灰漠土剖面有机碳含量（2009 年）（单位：g/kg）

处理	土层有机碳含量				
	0～20	20～40	40～60	60～80	80～100
CK	7.56±0.11Aa	6.45±1.20Aa	3.84±0.52Ba	3.52±0.37Ba	3.30±1.06Ba
N	8.97±0.54Ab	7.25±0.45Bab	4.96±0.75Cab	4.37±0.67Cda	3.48±0.20Da
NP	8.79±0.28Ab	7.08±0.59Ba	4.13±0.17Ca	3.46±0.43Ca	3.55±0.38Ca
NPK	8.04±0.42Aab	6.06±0.98Ba	3.73±0.37Ca	3.66±0.45Ca	3.28±0.15Ca
NPKS	9.22±0.98Ab	7.09±1.02Ba	4.80±1.07Cab	3.61±0.61Ca	3.96±0.15Ca

（续表）

处理	土层有机碳含量				
	0~20	20~40	40~60	60~80	80~100
NPKM	15.86±1.12Ac	8.85±0.57Bb	4.03±0.12Ca	3.61±0.23Ca	3.40±0.20Ca
1.5NPKM	21.40±0.45Ad	12.49±1.31Bc	5.46±0.81Cb	3.93±0.51Ca	4.37±1.49Ca

注：表中数据是 3 次重复的平均值±方差；同一行中不同小写字母表示同一层次不同处理间差异显著（$P < 0.05$）；同一列中不同大写字母表示同一处理不同层次间差异显著（$P < 0.05$）。

2. 土壤全氮含量

1991 年土壤全氮含量为初始值，2009—2011 年含量均值为该处理 3 年的平均值（采用后 3 年平均值与初始值进行比较，以减少气候等因素变化引起的误差）。灰漠土全氮含量除配施有机肥有大幅度增加以外，其他处理均有不同程度下降。施用有机肥（1.5NPKM、NPKM）土壤全氮上升幅度分别为 89%、33%，由试验初始值（0.975 g/kg、0.941 g/kg）分别上升到 2011 年的 1.842 g/kg、1.253 g/kg。单施化肥处理灰漠土全氮下降了 20% 左右，含量为 0.6~0.7 g/kg。秸秆还田处理（NPKS）土壤全氮下降幅度较大分别为 39%，含量为 0.479 g/kg，原因是秸秆还田处理的作物产量相对较高，吸收带出的氮素量大而氮肥施用量低于化肥处理，不能满足作物生长需要；加之秸秆在腐熟过程中消耗一定量的氮素，导致土壤全氮含量持续下降，下降幅度接近长期不施肥处理（表 8-2）。长期不施肥，由于作物连续吸收并带出，土壤全氮含量持续下降。说明长期单施化肥和秸秆还田不能够维持灰漠土全氮含量，导致灰漠土氮素不断被耗竭。

表 8-2 土壤全氮含量变化   （单位：g/kg）

处理	1991 年全氮含量	2009—2011 年全氮含量平均值	含量变化/%
CK	0.780	0.479	−0.39
N	0.843	0.640	−0.24
NP	0.798	0.699	−0.12
NK	0.780	0.604	−0.23
NPK	0.887	0.698	−0.21

（续表）

处理	1991 年全氮含量	2009—2011 年全氮含量平均值	含量变化/%
NPKS	0.737	0.479	−0.35
NPKM	0.941	1.253	33.0
1.5NPKM	0.975	1.842	89.1

3. 土壤全钾含量

长期连续耕作土壤全钾含量下降幅度很大，施钾肥处理下降幅度小于不施钾肥处理。以长期不施钾肥且产量相对较高的处理（NP）尤为突出，由初始值的 21.7 g/kg 降至 14.7 g/kg，下降幅度为 32%；下降幅度较小的是产量较低的单施磷钾肥（PK）处理，下降了 10% 左右；其他各个处理均下降 20% 左右；长期不施肥处理下降了 25%，排在第二位。说明钾素的输入与输出不平衡，不能满足作物的需求，使土壤全钾转化成为可被作物吸收利用的钾素形态（表 8-3）。

表 8-3　土壤全钾含量变化　　　　　　（单位：g/kg）

处理	1990 年全钾含量	2012 年全钾含量	全钾含量变化/%
CK	21.7	16.2	−0.25
N	21.7	16.5	−0.24
PK	21.7	19.5	−0.10
NP	21.7	14.7	−0.32
NK	21.7	16.4	−0.24
NPK	21.7	17.2	−0.21
NPKS	21.7	17.2	−0.21
NPKM	21.7	17.5	−0.19
1.5NPKM	21.7	16.8	−0.23

【结论】长期增施有机肥能够显著提高灰漠土的有机碳及全氮含量，但是全钾含量却降低。

第九章　土壤初育土纲共同特性及紫色土和石灰土改良利用案例

初育土是幼年土壤，由于土壤形成过程中存在阻碍土壤发育成熟的因素，如沉积覆盖、侵蚀等原因，其土壤发生层分异不甚明显，即相对成土年龄短，因而土壤性质具有极大的母质继承性，是较同地带的地带性土壤而言的。初育土壤根据其土壤母质起源分为土质初育土和石质初育土。土质初育土起源于疏松母质，包括冲积土、风沙土和黄绵土3个土类；石质初育土起源于坚硬的母岩，包括紫色土、石灰（岩）土、火山灰土、磷质石灰土、石质土、粗骨土等。本章着重介绍石灰（岩）土和紫色土。

一、成土条件

我国石灰（岩）土总面积1 077.96万 hm^2，按分布面积大小依次是贵州、四川、湖北、湖南、云南、广西、陕西、广东、安徽、江西和浙江。在北方石灰岩上形成的土壤一般不称石灰（岩）土，而称其为当地地带性土类的某某性土或石质土。只有在南方湿热气候条件下，由石灰岩溶蚀风化形成，而且土壤因母岩中的碳酸钙不断供给土壤盐基致使土壤酸性发育受阻，盐基饱和度高，才称石灰（岩）土，以区别于其他成土母质发育成的地带性土壤。中国石灰（岩）土类型多样，这与中国岩溶的发育程度密不可分，也与地层时代不同有很强的联系，从震旦纪到三叠纪均有石灰岩的出露，岩石种类繁多，有石灰岩、白云岩、白云质灰岩、灰质白云岩、硅质灰岩、泥灰岩、泥云岩等，在热带亚热带地区，岩溶作用的结果，形成峰从（漏斗）洼地、峰林、孤峰等地貌类型，岩溶发育程度（幼年或老年）在中国均能见到，而不同的地貌类型上，石灰（岩）的厚度、分布等均有所差异。岩溶发育的幼年期，石灰（岩）土的连续成片性较差，土层浅薄，而在老年期，石灰（岩）形成连续且稍厚的土被。

紫色土一般指亚热带和热带气候条件下由紫色砂页岩发育形成的一种岩性土，总面积 1 889.12 万 hm²。这类土壤由三叠系、侏罗系、白垩系、第三系的紫色砂泥（页）岩发育而成。紫色土分布范围很广，南起海南，北抵秦岭，西至横断山系，东达东海之滨，形成于具有亚热带和热带湿润气候条件的南方 15 个省（自治区）。紫色砂泥（页）岩中以四川盆地最大，相应紫色土也以四川面积最大，有 311 万 hm²，其他如云南、贵州、浙江、福建、江西、湖南、广东、广西等省（自治区）也有零星分布。

二、主要成土过程

（一）石灰（岩）土主要成土过程

石灰岩土之所以在南方没有形成像黄壤、红壤等一样的地带性土壤，一方面是因为土壤受到强烈侵蚀，处于不稳定状态，表层经常受到剥蚀，底土甚至是岩石风化物不断出露地表成为新的表层，以致土壤发育时间短，淋洗过程不充分，从而继承了形成土壤的岩石的性质；另一方面，石灰岩土发育于石灰岩上，石灰岩不容易发生崩解物理风化，但在湿润水分条件下，却可发生化学风化，碳酸盐发生化学风化后，残留物是黏粒，以致土壤质地黏重；石灰岩所含大量碳酸盐也延缓了土壤酸化过程，这样造成石灰岩土的 pH 值比同地带的黄壤、红壤要高，甚至含石灰或具有石灰反应，盐基饱和度高。

1. 石灰岩的溶蚀风化及 $CaCO_3$、$MgCO_3$ 的淋溶

石灰岩的矿物组成为方解石、白云石及少量黏土矿物，有时还含有其他的矿物类型，其风化过程为化学风化即方解石、白云石在水和二氧化碳存在下溶蚀、迁移，剩下岩石中黏土矿物的过程，据测算，钙、镁淋失率达到 95% 以上，因而石灰（岩）土壤多土质黏重，由于可溶性成分多，形成土壤少，土层浅薄。正常土层厚度很少大于 50 cm，仅在局部洼地或泥灰岩发育的土壤可见较厚土层。

2. $CaCO_3$ 的富集

在成土过程中，$CaCO_3$ 的淋溶是绝对的，但是由于岩溶地貌的特殊性及

生物吸附等，部分淋溶的 $CaCO_3$ 保留和归还到土体中，致使土壤中存在淋失、富集两个相反的过程，因而土壤能随时得到钙离子的补充，而保持土壤的初育性特点。

3. 腐殖质钙的积累

生物生长、死亡，有机体返回土壤，由于钙离子的存在，使土壤中腐殖质与钙离子形成高度缩合而稳定的腐殖质钙而富集腐殖质。

（二）紫色土主要成土过程

在湿热的气候条件下，如果土壤没有侵蚀发生，土壤经过较长的发育过程，水分的淋洗会使任何岩石都可能发育成酸性的土壤，即形成红壤类或者黄壤类的地带性土壤。紫色土之所以为紫色土，一方面是因为土壤受到强烈侵蚀，处于不稳定状态，表层经常受到剥蚀，底土甚至是岩石风化物不断出露地表成为新的表层，以致土壤发育时间短，淋洗过程不充分，从而继承了形成土壤的岩石的性质；另一方面，紫色土是发育于紫色砂岩、页岩上的土壤，砂岩、页岩比较容易发生崩解物理风化，岩石所含大量碳酸盐延缓了土壤酸化过程，这样造成紫色土有一定厚度的松散的土层，但土壤的 pH 值比同地带的黄壤、红壤要高，盐基饱和度较高，养分水平也较高。

1. 母岩的作用

紫色土的形成有别于其他岩成土类，其成土过程受到母岩的影响特大，紫色土的颜色、理化性质、矿物组成皆继承了紫色岩的特性；紫色砂岩颗粒粗大，常含石英砂粒透水性好，碳酸钙淋失较快；而紫色页岩颗粒细小，透水性差，碳酸钙淋失较慢。发育于志留纪、侏罗纪前期的紫红色砂页岩和新第三纪红色砂页岩上的酸性紫色土，pH 值<5.5，全量养分中下水平。发育于老第三纪、白垩纪、二叠纪、侏罗纪紫色砂页岩上的中性紫色土中性，全量养分比较丰富。发育于侏罗纪棕紫色砂页岩和紫色钙质泥岩上的石灰性紫色土，土壤含石灰，微碱性（pH 值>7.5）。

2. 物理风化为主

紫色岩具有很强的吸热能力，在昼夜温差大的条件下，极易受热胀冷缩的影响，产生物理风化。

3. 化学风化微弱

在紫色土中，矿物组成在粉粒部分中除石英外，尚有大量长石、云母等原生矿物，黏土矿物和黏粒硅铝率在土壤和岩石间极其相似，且黏土矿物组成以水云母或蒙脱石为主，尤其在紫色土中还部分存在碳酸钙，更证明了化学风化的微弱。

三、基本理化性质

石灰（岩）土因成土母岩性的差异、发育阶段及所处地形部位的不同而具有极显著的差异。石灰岩、白云岩，由于溶蚀作用的结果，残留量少，发育的土层浅薄，土体与岩石交界清晰，无明显碎屑；泥灰岩发育的土壤较厚，土石界面亦难区分。一般初期发育的石灰（岩）浅薄，土体构型为A-R型，A层土壤棕黑色至榄棕色（2.5Y 3/2-2.5Y 3/3），有石灰反应。进一步发育，土壤较厚，土体发育为A-BC-R型，心土层黄棕色或黄色（10YR 5/8~2.5Y 8/6），表土层为粒状或核状结构。

石灰（岩）呈中性至微碱性反应，pH值7.0~8.5，在坡面残积母质发育的石灰（岩），pH值上低下高，在槽谷坡麓坡积母质的发育则表现为上高下低，这是因为富钙地表水的复钙作用，有的有石灰反应。土壤质地黏重，表土层多为黏壤至壤土。土壤中黏土矿物以伊利石、蛭石、水云母为主，有的含蒙脱石或高岭石。黏粒的硅铝率相应较高，多达2.5~3.0，阳离子交换量20~40 cmol（+）/kg土，交换性盐基以钙镁为绝对多数。土壤有机质丰富，平均在40 g/kg以上，腐殖化程度高，与钙形成腐植酸钙使土壤具有良好的结构，且颜色较暗，土壤碳氮比值低，养分含量丰富，土壤全氮一般在2 g/kg左右，全磷0.6 g/kg，全钾15 g/kg，速效磷、钾中等水平。但由于pH值较高，土壤中微量元素如硼、锌、铜等有效性低，易导致作物缺素现象。

紫色土通体呈单一紫色，这一特点是紫色土的特征，土壤剖面上下均一，无明显差异。淋溶淀积现象极少，更无新生体的生成。由于该类土壤以物理风化为主，因而土壤中砾石含量高，剖面风化微弱。在坡地上部因受侵蚀影响，土层浅薄，十几厘米以下就可见到半风化母岩，下部因接受坡上物质而略显深厚，但大多不超过1 m。一部分紫色土含有碳酸钙，且含

量有的可高达 70%，故 pH 值在 7.5~8.5，大部分由于碳酸钙含量极低
（<1%）而呈中性反应，无碳酸钙的紫色土其 pH 值在 5.5~6.5，土壤质地
以砂质黏土居多，黏土矿物以 2∶1 型的水云母、蒙脱石、绿泥石占优势。
紫色土有机质含量低（10~30 g/kg），全氮也低（0.6~1.89 g/kg），多数在
1.0 g/kg 以下。而磷钾含量丰富，其他矿质养分也很丰富，微量元素除锌、
硼、钼有效含量偏低外，其余均高。

四、亚类

石灰（岩）土的特征不同，从而将石灰（岩）土划分为黑色石灰土、
棕色石灰、黄色石灰土和红色石灰土 4 个亚类。紫色土分为酸性紫色土、中
性紫色土和石灰性紫色土 3 个亚类。

五、利用和存在的问题

石灰（岩）土地区多山高坡陡，交通不便，耕地地块狭小零散，土层
薄，岩石多，不利于机械耕作；石灰岩裂隙多、漏水，因此，石灰岩山区
往往也是缺水地区。

紫色土地区是中国南方水土流失最严重的地区，水土流失不但使表土
有机质含量低，而且造成土层薄，蓄水抗旱能力差，更造成大量泥沙下泄，
抬高河床，淤积水库，酿成洪涝灾害。

六、改良措施

石灰（岩）土的开发利用首选是植树造林，保持水土；或种植一些适
宜生长的经济林木，如山楂、花椒、核桃、柿子；必须耕种的情况下，通
过工程措施修建石坎梯田、水平阶等；也可利用山地草场，适当发展圈养
畜牧业。

紫色土的开发利用首先以保持水土为重点，在保护中利用。同时，利
用紫色土地区水热条件较好和磷钾含量较丰富的特点，合理施用化肥，充
分发挥生产潜力，适当进行农业结构调整，减少粮、棉、油等大田作物的
播种面积，发展柑橘、竹、油桐等经济作物，提高经济效益。

七、石灰（岩）土和紫色土改良利用案例

案例一：石灰（岩）土改良案例

【背景】岩溶作用在石灰性土壤形成过程和供养能力上起着非常重要的作用。自然条件下形成的石灰土其元素全量的高低主要受岩石不溶物中元素含量决定；岩溶区植物营养来源于土壤、土壤水、岩溶水3种载体。因此，石灰土对植物供养能力的体现受岩溶作用和母岩矿质成分的影响。石灰土营养元素缺乏，母岩矿质成分相对稳定，可考虑通过利用岩溶作用促进土壤改良，增加3种载体中营养元素的含量；与此同时，通过改善土壤物理性质和植被条件，以减少3种载体营养元素的流失。为此，利用有机肥料改良土壤，增加土壤中腐殖质等有机物质含量，调节土壤 C/N 比例，以改良土壤物理化学性质，增强土壤蓄水保肥能力，促进土壤微生物活动，并利用有机物腐化产生的腐植酸、有机酸和微生物活动产生的 CO_2，促进岩溶作用正向运动（即碳酸盐岩的溶解作用），释放出 Ca，降低土壤 pH 值，从而激活土壤中以稳定态存在的营养元素。常规有机肥料具有见效快、易推广、成本低等特点，考虑到石灰土受岩溶地质过程制约的特殊性，从有机肥料搭配类型和施肥方式两个方面来探讨石灰土改良的有效方法。

【试验设计】石灰土具体的改良方案见表9-1。

表9-1　石灰土改良方案　　　　　　　　　　（单位：kg/hm^2）

方案	施用量							施肥方式
	秸秆	人粪尿	牛粪	羊粪	塘泥	沼渣/液	鲜绿肥	
方案一（F1）	3 000	900	1 800	1 800	12 000	0	0	积制堆肥完全腐熟后挖沟施入土壤
方案二（F2）	3 000	900	1 800	1 800	12 000	0	0	积制堆肥半腐熟后挖沟施入土壤
方案三（F3）	3 000	900	1 800	1 800	12 000	0	0	直接混合挖沟埋入土壤发酵

（续表）

方案	施用量							施肥方式
	秸秆	人粪尿	牛粪	羊粪	塘泥	沼渣/液	鲜绿肥	
方案四 (F4)	3 000	0	0	0	12 000	4 500	0	直接混合挖沟埋入土壤发酵
方案五 (F5)	0	0	0	0	12 000	4 500	4 500	直接混合挖沟埋入土壤发酵
对照 (F0)	—	—	—	—	—	—	—	—

【结果分析】由表 9-2 可知，实施土壤改良试验后，试验地与改良前和对照地比较，土壤有机质和营养元素速效态都明显改善。

表9-2　不同改良方案的土壤化学性状比较　　（单位：mg/kg）

方案	有机质/ (g/kg)	pH 值	速效 N	速效 K	速效 P	CaO/ %	MgO/ %
改良前	29.5	7.90	112.60	65.6	13.8	1.61	1.03
对照（F0）	29.3	7.81	113.70	64.3	13.0	1.60	1.00
方案一（F1）	33.0	7.15	178.58	81.8	25.6	0.85	0.71
方案二（F2）	31.5	6.93	213.83	133.6	31.3	0.60	0.55
方案三（F3）	31.2	7.09	208.14	117.5	27.0	0.68	0.57
方案四（F4）	30.3	6.87	231.90	145.6	36.8	0.53	0.52
方案五（F5）	30.8	6.73	236.21	150.7	38.7	0.49	0.42

由表 9-3 可知，有机肥改良石灰土对玉米具有良好的增产效果。在同样的管理水平下，玉米产量较对照地提高 30% 以上。各改良方案的玉米株高、茎粗、穗粗、穗长、穗粒数、千粒重均好于对照地。表明采用有机肥料改良石灰土，玉米生长同样受有机肥搭配类型和施肥方式的显著影响；采用有机肥料改良石灰土时，岩溶动力系统作用在改变土壤环境的同时，能更有效促进植株生长发育，增强抗逆性，为增产增收奠定基础。

表9-3 不同方案对玉米植株性状与产量的影响

方案	株高/cm	茎粗/cm	穗粗/cm	穗长/cm	穗粒/粒	千粒重/g	产量/(kg/hm²)	增产率/%
对照（F0）	189	1.8	3.2	15	263	256	3 441.0	—
方案一（F1）	202	2.1	3.6	17.5	315	280	4 507.5	30.99
方案二（F2）	213	2.3	3.9	19.6	340	306	5 086.5	47.82
方案三（F3）	210	2.3	4.0	19	338	305	4 953.0	43.94
方案四（F4）	212	2.4	4.0	19.5	340	308	5 124.0	48.91
方案五（F5）	213	2.5	4.2	20	343	322	5 298.0	53.97

【结论】

（1）试验结果表明，各方案由于有机肥料搭配类型和施肥方式不同，导致岩溶作用强度不同，进而使玉米植株性状、增产效果、经济效益、土壤肥力和蓄水保肥能力在各处理间呈现差异。从有机肥搭配类型看，石灰土岩溶作用强弱和改良效果均表现为：新鲜绿肥优于干秸秆，沼渣（液）优于人畜粪便。从施肥方式来看，将有机肥料积制堆肥半腐熟时挖沟施入土壤的岩溶作用最强，改良土壤效果最好，直接混合挖沟埋入土壤改良效果次之，积制堆肥完全腐熟后挖沟施入土壤效果最差。

（2）特殊的岩溶地质背景和石灰土富钙偏碱的特性，决定了改良石灰土必然要依据岩溶动力系统原理，充分利用有机肥本身的特性和有机肥腐化及微生物活动的中间产物，促进岩溶作用正向运动。岩溶作用正向运动不仅使有机肥料的营养元素得到充分利用，而且释放出石灰土中原有的营养元素，调节土壤酸碱度，从而获得最佳改良效果。

（3）岩溶石山区土壤瘠薄，石灰土分布面广，改良任务艰巨，农户农家肥数量有限，难以满足改良的需求。在治理石漠化、改良石灰土时必然要求实施"开源、节流"工程。而采用适宜的搭配类型和施肥方式，充分利用现有的有机肥料当是最好的节流；而在岩溶石山区种草养畜，发展沼气，在增加收入提供清洁能源的同时，为石灰土改良提供充足的肥源，应是最好的开源。

（4）采用有机肥料改良石灰土，肥料的特性、搭配类型和施肥方式对腐植酸、有机酸等中间产物的产生、变化规律、被利用程度的影响以及如何促进岩溶作用的正向运动等问题的深入解释，仍有待今后进一步研究。

案例二：紫色土水土流失区不同水土保持与土壤改良措施治理效果研究

【背景】研究表明，土壤基质改良和土层置换可提高湘南紫色土抗蚀性，其中土壤基质改良效果最为显著。土壤基质改良通过增加 SOC（土壤有机碳）的输入量，改善植被恢复过程紫色土容重、水稳性团聚体、<0.002 mm 黏粒含量等理化性质，显著提高紫色土抗蚀性。无论是单一抗蚀评价指标还是综合评价指数，紫色土抗蚀性在垂直方向上均表现出较为明显的变化规律，即紫色土抗蚀性随土层加深逐渐减弱。因此，减少人为干扰，促进植被恢复和保护现有森林植被，保持土壤表层理化性质的稳定性，对实现湘南紫色土区域经济和社会的可持续发展有着重大意义。湘南紫色土受成土母质、地理位置及气候等因素影响，土层浅薄，水蚀严重，极易粗骨化。土壤容重、SOC 含量、湿筛团聚体含量和稳定性对该地区土壤抗蚀性的影响最大。因此建议适当休耕，施用有机肥，恢复植被，减少地表裸露，以增强湘南紫色土抗侵蚀能力，改善生态环境。

【材料与方法】在试验区内分别设置百喜草种植区、胡枝子种植区、坡改梯区与裸露地对照 4 个试验小区，每个小区面积 100 m²（长 20 m×宽 5 m），各试验小区下方设 2 m³（长 2 m×宽 1 m×深 1 m）的沉沙贮水池，收集流失的泥沙和径流水。采用随机区组设计，3 次重复。按常规种植方式分别种植百喜草和胡枝子，种植后及时浇水，种植 15 d 后及时检查补植，各小区种植后管理措施相同，不施肥。坡改梯采取前埂后沟，梯壁种植百喜草。对照处理为宁化县西部区裸露地。

【结论】不同水土保持措施均可以提高植被覆盖度，减少地表径流量，降低土壤的侵蚀量，但胡枝子对减少地表径流量影响较小。因此在水土流失治理工作中，由于紫色土水土流失区植被稀少，仅少数马尾松"老头林"，表土裸露，宜采取以草先行的治理模式，能够迅速提高植被覆盖度，有效地减少地表径流量和侵蚀量，从而控制水土流失。不同水土保持措施也均可以提高土壤中的有机质、速效氮的含量，改良土壤质地，从而改善土壤肥力状况，但对速效钾含量影响较小。

案例三：生物质炭和石灰对酸化紫色土的改良效果

【背景】紫色土是由紫色母岩发育而成的幼年土壤，风化程度较低，在我国西南地区有较大面积的分布。有研究表明，受酸沉降的危害，在过去20年间重庆地区的大部分紫色土已发生酸化，且酸化程度日益加深。此外氮肥的过量施用也造成了紫色土酸化。最新的研究表明，长期的氮肥过量施用是紫色土近年来加速酸化的主要原因。尽管受成土母质和发育程度的影响，紫色土含有较为丰富的盐基离子。但紫色土酸化后仍会导致土壤盐基离子的损失和土壤酸碱缓冲性能的下降以及磷素缺乏。此外，紫色土酸化后，土壤中 Cd、Zn 等重金属对植物的毒害作用也会增强。

【材料与方法】通过室内培养试验比较生物质炭与传统改良剂石灰对紫色土酸度的改良效果，加入不同质量的生物质炭和石灰于 200 g 风干土中，混匀后装入塑料杯，加入一定体积的去离子水，使土壤含水量为 20%（约为田间持水量），然后在室内进行恒温培养。改良剂的用量设置如表 9-4 所示。每个处理设置 3 个重复。培养期间，每隔 3 d 对塑料杯进行称重，根据重量损失情况补充土壤水分连续培养 30 d，培养结束后将土壤风干过筛，用于测定 pH 值、有机质、交换性酸、交换性和水溶性盐基离子及速效磷含量。

表 9-4　培养试验方案　　　　　　　　（单位：g/kg）

处理	改良剂施用量	
	生物质炭	石灰
对照（CK）	—	—
低量生物质炭（B1）	10	—
中量生物质炭（B2）	30	—
高量生物质炭（B3）	50	—
低量石灰（L1）	—	0.2
中量石灰（L2）	—	0.5
高量石灰（L3）	—	2
低量生物质炭+高量石灰（B1+L3）	10	2
中量生物质炭+中量石灰（B2+L2）	30	0.5
高量生物质炭+低量石灰（B3+L1）	50	0.2

【结论】生物质炭的物质组成丰富，除富含碱性物质和盐基离子能直接改良土壤酸度外，还富含碳素和磷素能提高土壤的肥力水平。受外源输入

作用等因素的影响，单独施用生物质炭、生物质炭与石灰混合施用处理对土壤酸度的改良效果优于石灰单独施用。施用生物质后能显著提高土壤的交换性和水溶性盐基离子含量、有机质和速效磷含量。而单独施用石灰仅对土壤的交换性和水溶性 Ca^{2+} 含量有显著的提高效果。因此，生物质炭在酸性紫色土酸度改良和肥力提升方面具有较大的应用潜力。

第十章 土壤半水成土土纲共同特性及潮土改良利用案例

半水成土是一种受地表径流和地下潜水影响显著的土壤类型。其生成过程中，表现出明显的潴育化或潜育化现象，并伴随氧化还原电位的降低。最为典型的半水成土包括潮土、草甸土以及砂姜黑土。

一、成土条件

潮土的总面积约为 2 565.89 万 hm²，广泛分布于中国的黄淮海平原、长江中下游平原以及这些地区的山间盆地和河谷平原。在行政区划上，潮土主要集中在山东、河北、河南三省，各省的潮土面积均在 400 万 hm² 以上。其次，江苏、内蒙古和安徽三省份的潮土面积在 100 万~200 万 hm²。另外，潮土在辽宁、湖北、山西、天津等省（直辖市）也有分布。潮土主要成土母质为近代河流冲积物，部分为古河流冲积物和洪积物，少数为浅海冲积物。在黄淮海平原和辽河中下游平原，潮土的成土母质多为石灰性冲积物，含有机质较少，但钾素丰富，土壤质地以砂壤质和粉砂壤质为主。而长江水系主要为中性黏壤或黏土冲积物。该区域地形平坦，地下水位较浅。由于排水体系的修建和地下水的大量抽取，潮土分布区的地下水位已显著下降。潮土地区光热资源充足，已成为小麦、玉米、棉花等农作物的重要生产基地，也是各种水果、蔬菜等农产品的重要产区。

草甸土的总面积约为 2 570.05 万 hm²，主要分布于中国东北地区的三江平原、松嫩平原、辽河平原以及内蒙古及西北地区的河谷平原或湖盆地区。在行政区划上，草甸土主要集中在黑龙江省，约占全国草甸土总面积的 1/3。其次，内蒙古和新疆的草甸土分别占全国草甸土总面积的 23.9% 和

15.3%。草甸土分布区地势低平，地下水位浅，矿化度大都较低。这些地区的气候条件对草甸植被的生长和土壤腐殖质积累极为有利。

砂姜黑土，总面积约为 376.11 万 hm^2，主要分布于淮北平原、鲁中南山地丘陵周围的山麓平原地、南阳盆地及太行山山麓平原的部分地区。这些地区地貌主要为冲积扇平原的扇缘洼地，多为河湖相沉积。地下水位在 2 m 左右，雨季可上升至 1 m 以内。除了种植小麦、玉米、水稻外，该地区还宜种植大蒜等经济作物，多为一年两熟或两年三熟的耕作方式。

二、主要成土过程

(一) 潮土主要成土过程

1. 潴育化过程

潴育化过程主要受到上层滞水和地下潜水的影响。在潮土剖面的下部土层中，地下潜水在干湿季节之间进行周期性的升降运动，这会导致铁、锰等化合物的氧化还原过程交替进行，并伴随物质的移动和淀积。具体而言，在雨季期间，土体上部的水分饱和，土体中难溶的 $FeCO_3$（菱铁矿）会与生物活动产生的 CO_2 反应生成 $Fe(HCO_3)_2$，这些物质随后向下移动。当雨季过去，$Fe(HCO_3)_2$ 则通过毛细管作用从底层向土体上部移动，并氧化成 $Fe(OH)_3$。这种周期性的氧化还原过程每年会重复进行，结果是在土层中形成了铁锈纹层（锈色斑纹层）。锰也会发生类似的氧化还原变化，形成黑色的锰斑和软的锰结核。在氧化还原层下方，有时可以观察到砂姜，这是富含碳酸钙的地下水凝聚而成的产物。

2. 腐殖质积累过程

因为气候温暖，自然潮土中的有机质积累并不丰富，所以，其表层颜色较浅，被称为浅色草甸土。然而，现在大部分的潮土已经被开垦为农田，腐殖质的积累则受到耕作、施肥、灌溉和排水等农业措施的影响。因此，潮土中有机质的积累是在自然因素和人类活动的共同作用下达到新的平衡。在 20 世纪 80 年代之前，由于投入较少，开垦后的潮土腐殖质含量有所下降。但从 80 年代中期开始，随着化肥等投入的增加，潮土耕层土壤的有机质等养分含量有所提高。

（二）草甸土主要成土过程

1. 腐殖质积累过程

草甸土的草本植物每年都会为土壤表层补充大量的有机质，其根系也主要分布在表层。根据对黑龙江省饶河县草甸植物的测定，每年产草量为3 000~3 400 kg/hm²，其根系的95%集中在30 cm土层内。植株死亡后，有机质返回土壤表层，分解产生大量的钾（K）、钠（Na）、钙（Ca）、镁（Mg）元素，使土壤溶液被K、Na、Ca、Mg等离子饱和。腐殖质主要以腐植酸为主，并多以腐植酸钙盐的形式存在。这也是草甸土表层腐殖质积累丰富，养分丰富，具有良好的团粒结构和水分物理性质的主要原因。虽然草甸土并非地带性土壤，但其腐殖质积累过程明显地反映了气候的影响。在东北区的北部和东部寒冷湿润区，腐殖质含量显著高于干燥温暖的西部地区，腐殖质层由东向西逐渐变薄。

2. 潴育化过程

草甸土的潴育化过程主要取决于地下水水位的季节性动态变化。由于草甸土地形位置低，地下水埋藏较深，通常在2 m左右，雨季可升至1~1.5 m或更浅，春旱季节可降至3 m，变化幅度大，升降频繁。在剖面中下部地下水升降范围的土层内，土壤含水量在毛管持水量至饱和含水量之间变化，铁、锰的氧化物发生强烈的氧化还原过程，形成移动和淀积，土层显现出锈黄色及灰蓝色（或蓝灰色）相间的斑纹，具有明显的潴育化过程特点及轻度潴育化现象。

（三）砂姜黑土主要成土过程

1. 草甸潴育化及碳酸盐集聚过程

当前砂姜黑土分布区在全新世期间曾是湖沼草甸景观，低洼地方形成了大面积的黏质河湖相沉积物。耐湿性植物在此地循环生长和死亡，它们的有机质在干湿季的好氧与厌氧环境下交替进行腐烂与分解，高度分散的腐殖质与矿物质细粒复合，致使土壤变为黑色，从而形成了黑土层。根据 ¹⁴C 断代测定，黑土层的形成时间在3 200~7 000年前，全新世期间未发现沼泽化，故无泥炭积累现象。砂姜层的形成早于黑土层。

从地球化学角度来看，砂姜黑土分布区是重碳酸盐的富集区，地下水含有碳酸盐。在气候以及土壤水分季节性干湿交替的条件下，富含碳酸盐的地下水在干旱季节在剖面底部固结，或通过毛细管作用上升到一定高度固结，形成数量、大小和形态各异的砂姜（石灰结核）。另外，土壤上层的碳酸盐也可随重力水以 $Ca(HCO_3)_2$ 的形式向下移动至一定深度固结形成砂姜。然而，砂姜的形成主要受地下水影响。

组成砂姜的碳酸盐以 $CaCO_3$ 为主，平均含量占碳酸盐总量的 70% 以上，$MgCO_3$ 含量较少，$CaCO_3/MgCO_3$ 比值平均变化在 4 ~ 9，底土的 $CaCO_3/MgCO_3$ 比值显著增加。

2. 耕作熟化及脱潜育过程

近 5 000 年以来，尤其是近 2 500 年以来，气候明显从温暖湿润转向干燥。加之近 3 000 年的人为垦殖、排水，导致地下水位逐渐下降，砂姜黑土底部的潜育层下移，原潜育层上部出现脱潜育化，氧化还原电位增高。几千年的人为耕作使裸露的黑土层逐渐分化为耕作层、犁底层及残余黑土层。

三、基本理化性质

典型的潮土剖面构型为 A–AB–BCg–Cg。A 层（腐殖质层或耕作层）：大多数潮土的腐殖质层是经过人工耕作使之熟化的表土层，一般厚度为 15 ~ 20 cm，腐殖质含量较低，一般小于 10 g/kg，颜色较浅，干燥时亮度大于 6，彩度小于 4。该层为壤质土，多呈屑粒状结构，含有大量作物的根系。在耕作层下方有时可见犁底层，其形成是由于长期机械碾压所致，呈片状或鳞片状结构，厚度在 5 ~ 10 cm，颜色与耕作层土壤接近。AB 层（过渡层）：一般位于犁底层之下，厚度在 15 ~ 40 cm，为壤质土，多呈屑粒状结构。有时，在犁底层之下即为氧化还原层，而不存在过渡层。BCg 层（氧化还原层）：又称为锈色斑纹层，多出现在 60 ~ 150 cm，具有明显的锈斑，也有与之相间分布的还原的灰色斑纹。该层下部常有软质铁锰结核，或者出现雏形砂姜。C 层（母质层）：主要由沉积层理明显的冲积物组成，具有明显的潴育特征，甚至可能出现潜育现象。

潮土的颗粒组成受河流沉积物来源和沉积环境的影响。一般来说，来自花岗岩山区的沉积物发育的潮土颗粒较粗，黄河沉积物发育的潮土多为壤质，而长江和淮河沉积物发育的潮土颗粒较细。潮土中的黏土矿物以水云母为主，其次是蒙脱石、蛭石和高岭石。潮土通常呈中性到微碱性反应，而发育在酸性山区河流沉积物母质上的潮土则呈微酸性反应，其 pH 值为 5.8~6.5。分布在黄河中下游地区的潮土腐殖质含量较低，普遍缺乏磷元素，但钾含量相对较丰富。

典型的草甸土剖面构型为 Ah-AB-BCg-Cg。草甸土具有较高的土壤水分含量，并呈现出明显的毛管活动，其特性具有显著的季节性变化。这些季节变化可划分为 3 个主要阶段：旱季的水分消耗期，雨季的水分补给期以及冬季的冻结期。在有机质方面，潮土的腐殖质含量相对较高。从地理分布来看，腐殖质含量自西向东、自南向北逐渐增加。

典型的砂姜黑土剖面构型为 Ap-ABbt-Bkg-Bg-Cg。其中 ABbt 为黑土层，厚度为 20~40 cm，湿润时呈腐泥状，干燥时易碎裂成核块状，质地黏重，多为重壤土或黏土。Bkg 层为砂姜层，质地相对较轻，以中壤土为主，具有强烈的石灰反应。砂姜黑土的质地较为黏重，黏粒含量约为 30%，高者可达 50% 以上。黑土层中的黏土矿物主要以蒙脱石为主（占 50% 以上），其次是水云母（占 20% ~ 30%）。耕作层和砂姜层中蒙脱石含量较少（40%~50%），而水云母含量增加（30%~40%）。砂姜黑土中蒙脱石的比重较大，因此具有明显的胀缩性和变性特征。砂姜黑土的耕作层有机质含量一般在 10 ~ 20 g/kg，钾素含量较丰富，而磷素，尤其是速效磷含量较低（小于 4 mg/kg），这与人为施肥水平有关。在无机磷中，以钙结合磷为主要形式存在。砂姜黑土通常呈中性到微碱性反应，但碱化的砂姜黑土的 pH 值可高达 9.0 以上。

四、亚类

潮土主要包含以下亚类：黄潮土、湿潮土、脱潮土、盐化潮土、碱化潮土、灰潮土、灌淤潮土。草甸土主要包含以下亚类：普通草甸土、石灰性草甸土、盐化草甸土、碱化草甸土、潜育草甸土、白浆化草甸土。砂姜黑土主要包含以下亚类：砂姜黑土、石灰性砂姜黑土、盐化砂姜黑土、碱化砂姜黑土。

五、利用和存在的问题

潮土分布区地势平坦，土层深厚，水热资源较为丰富，适宜种植多种作物，是中国主要的旱作土壤，尤其擅长生产粮食和棉花。然而，在潮土的利用过程中，需要注意发展灌溉系统，建立排水和农田林网，加强农田基础设施建设，改善潮土的生产环境条件，以减轻或消除旱灾、涝灾、盐碱灾害等问题，这也是发挥潮土生产潜力的前提。此外，对于潮土的肥力管理也十分重要。目前存在一种现象，即过于重视化肥投入，而忽视有机肥的施用。虽然大量使用化肥可以增加作物根茬归还量，提高土壤有机质含量，但实行秸秆还田和施用有机肥措施，将进一步提高土壤有机质含量。在潮土区域可进一步提高复种指数，合理配置粮食、经济作物、林业和牧业，以提高潮土的产量、产值和效益。

草甸土潜在肥力较高，适种作物广，但土壤水分、温度问题较为突出，影响土壤潜在肥力的发挥。

砂姜黑土具有很大的增产潜力，20世纪80年代以来高产田面积持续扩大，但中低产田面积仍占主导地位，其主要原因在于不良的土壤性状（湿时泥泞，干时坚硬）和自然环境（低洼易涝）。具体表现为旱涝、瘠劣、僵化和低温等问题。因此，应因地制宜采取相应的综合改良措施。

六、改良措施

潮土区容易受洪涝或干旱等自然灾害的影响，因此需要加强农田基础设施建设，改善土壤的生产环境条件。对于一些容易发生盐碱化的地区（如盐化潮土和碱化潮土），需要进行土壤盐碱化改良措施。对于草甸土，由于土壤水分和温度对土壤肥力发挥有严重影响，需要注意平整土地、降低地下水位，同时改良土壤的物理性质（如掺沙），增强土壤的通透性，提高地温。对于砂姜黑土，由于其湿时泥泞、干时坚硬以及低洼易涝的特点，需要注意排水，防止土壤内涝，并适当掺沙来改善土壤的物理性状。对于中低产田仍较为广泛的砂姜黑土地区，需要注意合理施肥，培肥土壤。

七、潮土改良利用案例

案例一：砂质潮土改良

【背景】潮土的养分含量与其质地类型的变化有着明显的相关性，因而土壤的农业生产性状也有显著的差异。砂质沉积物形成的潮土普遍缺乏有机和无机胶粒，上层土壤的温度变化幅度大，土壤容易干旱，保水保肥和供水供肥能力较差，有机物和其他营养素的积累少，生物活动常常受到抑制，属于肥力较低的类型。黏质沉积物形成的潮土，其母质本身含有较多的有机和无机胶粒，并且含有磷、钾等矿物元素，但由于地势较低，土质黏紧，湿度增大，透气性差，耕作期适宜性较短，生物分解速度慢，有机物和其他营养素的积累较多，属于潜在肥力较高的类型。壤质沉积物的质地适中，理化性质优良，土壤内部的水分、热量、气体、肥料等因素相互协调，具有良好的生产性能，易于培育成高肥力的土壤。

【结论】有多种方法可以改良砂性潮土，例如，大量施用有机肥料；大量施用河泥、塘泥；在两季作物间隔的空余时间种植豆科作物，增加土壤中氮素和腐殖质；砂层较薄的土壤可以进行深秋压砂，使底层黏土和砂土掺和；施用土壤改良剂（如膨润土、凹凸棒石等）。

案例二：黄淮海盐碱地改良

【背景】1993 年，"黄淮海中低产地区综合治理的研究与开发"项目获得国家科技进步特等奖，被誉为农业领域的"两弹一星"。

黄淮海平原旱涝碱灾害并存，而且互相影响。气候干旱导致作物水分不足，引发枯萎，并且加剧了土壤的蒸发，从而促进表层土壤盐分的积累。土壤的盐碱化会增加细胞的渗透压，引发作物的生理干旱，即旱碱灾害相互作用，对作物的生长产生影响。夏秋季节的积涝往往导致秋季后地下水位升高，进而引发春季土壤盐分回升，即涝碱灾害相伴而来。1960 年左右，为缓解干旱的威胁，大规模开展平原蓄水和引黄灌溉的活动，但忽视了排水，连年多雨导致内涝灾害，盐碱化问题恶化。从 20 世纪 70 年代末至 80 年代初，平原北部连年少雨，涝灾少见，地下水位普遍下降，盐碱地面积随之大幅缩减，但干旱问题再度严重。华北地区水资源匮乏，局部地区的次生盐碱化问题日趋严重。这说明在此类平原地区，独立解决旱涝或碱灾害的问题不仅难以解决任何一种灾害，还可能引发另一种灾害的恶化。因此，对旱涝碱问题必须进行全面考虑，统筹协调，统一规划，实施综合治理。

【结论】治理旱涝碱的关键在于控制地表径流和地下水位，调整土壤的水分和盐分状况，创建良好的生态环境。综合治理的目标是促进农业生产，因此需要将水利与农业、林业、牧业的措施紧密结合，既要改良也要利用，既治标又治本。同时，需要适当调整作物布局，改进耕作和种植技术，根据水土条件进行种植，合理利用水、土、气候和生物资源，以达到良好的治理效果，改变农业低产状态。

治理旱涝碱需要注意以下几点：①统一规划，分区治理。基于农业、水利以及旱涝碱综合治理等方面的区划，结合流域规划、地区规划，按照市、县单位制定综合治理规划。在规划中，需要确定治理的分区和分期，在不同分区和各个阶段中，再确定治理的目标和具体措施。②加强水资源管理，重视水资源的治理和使用，灌溉与排水同等重要，在有条件的地区可以适当进行水源蓄存和排放。黄淮海平原水资源并不丰富，需要节约使用，推广节水农业。引黄灌区要推广井渠结合灌溉，地表水和地下水联合使用。③改良土壤，进行肥料管理，防止土壤盐碱化。同时，有计划地开发和利用滨海盐碱荒地。

经过 20 多年的综合治理，截至 1984 年，黄淮海平原的灌溉面积已占耕地面积的 60% 以上，易涝地区约 70% 已经得到初步治理，盐碱地的面积约有一半得到了改良和利用。这个长期遭受多重灾害和产量低下的地区，从 1983 年开始，已经变成了每年为国家提供超过 100 亿 kg 商品粮的产区。

第十一章　土壤水成土土纲共同特性及泥炭土或沼泽土改良利用案例

沼泽土和泥炭土是在地表水和地下水影响下，在沼泽植被（湿生植物）下发育的具有腐泥层或泥炭层和潜育层的土壤。《中国土壤》（全国土壤普查办公室，1998）将沼泽土和泥炭土划入水成土纲之下的矿质水成土亚纲和有机水成土亚纲。

一、成土条件

沼泽土和泥炭土在世界各地均有分布，其中分布最广的是寒带森林苔原地带和温带森林草原地带，如苏联的西伯利亚和欧洲的北部、芬兰、瑞典、波兰、加拿大和美国的东北部等地区都有大面积沼泽土和泥炭土的分布。在中国，沼泽土与泥炭土除了部分地区分布比较集中外，一般呈零星分布。全国沼泽土总面积 1 260.67 万 hm^2，泥炭土总面积 148.12 万 hm^2。总的趋势是以东北地区为最多，其次为青藏高原，再次为天山南北麓、华北平原、长江中下游、珠江中下游以及东南滨海地区。一般来说，沼泽土和泥炭土的形成，不受气候条件的限制，只要有潮湿积水条件，在寒带、温带、热带均可形成。但是，气候因素对沼泽土和泥炭土的形成、发育也有一定的影响。一般来说，在高纬度地带，气温低、湿度大，有利于沼泽土和泥炭土的发育。在中国的具体条件下，大致由北（冷）向南（热）、由东（湿）向西（干），沼泽土和泥炭土的面积越来越小，发育程度越来越差。

沼泽土和泥炭土总是与低洼的地形相联系，常成复区而斑点状地分布于全国各地的积水低地。在山区多见于分水岭上碟形地、封闭的沟谷盆地、冲积扇缘或扇间洼地；在河间地区，则多见于泛滥地、河流会合处，以及河流平衡曲线异常部分；此外，在滨海的海湖、半干旱地区的风蚀洼地、丘间低地、湖滨地区也有沼泽土和泥炭土的分布。母质的性质对沼泽土和泥炭土的发育也有很大的影响。母质黏重，透水不良，容易造成水分聚积。母质矿质营养丰富，则会延缓沼泽土和泥炭土的发育速度。由于上述因素的综合作用，造成土壤水分过多，为苔藓及其他各种喜湿性植物（苔草、芦苇、香蒲等）的生长创造了条件；而各种喜湿作物的繁茂生长以及草毡层的形成，又进一步促进了土壤过湿，从而更加速了土壤沼泽化的进程。

二、主要成土过程

沼泽土和泥炭土大都分布在低洼地区，具有季节性或长年的停滞性积水，地下水埋深都小于 1 m，并具有沼生植物的生长和有机质的嫌气分解的生物化学过程以及潜育化过程。停滞性的高地下水位，一般是由于地势低平而滞水，也有的是因为永冻层滞水，或森林采伐后林木蒸腾蒸散减少而滞水者。低位沼泽植被一般分布在低地，如芦苇、菖蒲、沼柳、莎芦等在湿润地区也有高位沼泽植被，其代表为水藓、灰藓等藓类。沼泽土的形成称为沼泽化过程。它包括了潜育化过程、腐泥化过程或泥炭化过程。泥炭土则 3 个过程都有。

1. 潜育化过程

由于地下水位高，甚至地面积水，使土壤长期渍水，首先可以使土壤结构破坏，土粒分散。同时由于积水，土壤缺乏氧气，土壤氧化还原电位下降，加上有机质在嫌气分解下产生大量还原性物质如 H_2、H_2S、CH_4 和有机酸等，更促使氧化还原电位降低，氧化还原电位值（Eh）一般小于250 mV，甚至降至负数。这样的生物化学作用引起强烈的还原作用，土壤中的高价铁锰被还原为亚铁和亚锰。在此应当特别指出的是，如果没有停滞的水位与微生物分解有机质而产生的 Eh 的降低等，潜育过程是不可能进行的。潜育化过程的结果是形成土壤分散、具有青灰色或灰蓝色，甚至成灰白色的潜育层。无论沼泽土或泥炭土均有这一过程而产生的潜育化层次。

2. 泥炭化或腐泥化过程

沼泽土或泥炭土由于水分多，湿生植物生长旺盛，秋冬死亡后有机残体残留在土壤中，由于低洼积水，土壤处于嫌气状态，有机质主要呈嫌气分解，形成腐殖质或半分解的有机质，有的甚至不分解，这样年复一年地积累，不同分解程度的有机质层逐年加厚，这样积累的有机物质称为泥炭（peat）或草炭（twit）。但在季节性积水时，土壤有一定时期（如春夏之交）嫌气条件减弱，有机残体分解较强，这样不形成泥炭，而是形成腐殖质及细的半分解有机质，与水分散的淤泥一起形成腐泥。泥炭形成过程中，植被会发生演替。一般泥炭形成时，由于有机质矿化作用弱，释放出的速效养分较少，如果沼泽地缺乏周围养分来源补充，下一代沼泽植物生长会越来越差，最后被需要养分少的水藓或灰藓等藓类植物所代替，这样使原来由灰分元素含量较高的草本植物组成的富营养型泥炭，逐渐为灰分元素含量低的藓类泥炭所覆盖，这就形成了性质不同的 3 类泥炭，前者称为低位泥炭（low moor，fen peat），也称为营养富泥炭（eutrophic moor）；后者称为高位泥炭（high moor，peat moor），也称营养贫乏泥炭（oligotrophic moor）或水泥炭；两者之间以森林植物茎秆、落叶为主体，混有草类和藓类而形成中位泥炭（intermediate moor peat）或称营养中等泥炭（messtrophic moor）或森林泥炭（carr，forest peat）。从泥炭层剖面看，一般上部为矿质营养贫乏的高位泥炭，下部紧接矿质土层的为矿质营养丰富的低位泥炭，中部泥炭层的矿质营养则介于其间。沼泽土与泥炭土的形成总的来说是土壤水分过多造成的，但土壤水分过多而引起沼泽化也是由多种原因造成的，主要有草甸沼泽化、森林迹地沼泽化、冻结沼泽化和潴水沼泽化。

3. 脱沼泽过程

沼泽土在自然条件和人为作用下，可发生脱沼泽过程。如由于新构造运动、地壳上升、河谷下切、河流改道、沼泽的自然淤积和排水开发利用等，使沼泽变干而产生脱沼泽过程。在脱沼泽过程中，随着地面积水消失，地下水位降低，土壤通气状况改善，氧化作用增强；土壤有机质分解和氧化加速，使潜在肥力得以发挥；土壤颜色由青灰转为灰黄，这样沼泽土也可演化为草甸土。

三、基本理化性质

沼泽的剖面形态一般分 2 个或 3 个层次，即腐泥层和潜育层（Ad-Br），或泥炭层、腐泥层和潜育层（H-Ad-Br）。泥炭土的剖面形态一般有厚层泥炭层及潜育层（H-G），或厚层泥炭层、腐泥层及潜育层（H-Ad-G）。

泥炭层（H）位于沼泽土上部，也有厚度不等的埋藏层存在；泥炭层厚度10余厘米至数米，但超过50 cm时即为泥炭土。各地的泥炭性质差异较大，主要决定于形成泥炭的植物种类和所在的气候条件和地形特点。

腐泥层（A）即在低位泥炭阶段就与地表带来的细粒进行充分混合，而于每年的枯水期进行腐解，因而形成有一定分解的、含有一定胡敏酸物质的黑色腐泥。一般厚度在20~50 cm。腐泥层的湿陷性很强，承载力很低。

潜育层（G）位于沼泽土下部，青灰色、灰绿色或灰白色，有时有灰黄色铁锈。土壤分散无结构，土壤质地不一，常为粉砂质壤土，有的偏黏。土壤有机质及养分含量极低，阳离子交换量也远低于较泥炭层，常常在20 cmol（+）/kg以下。土壤pH值则较高，6~7。

四、亚类

沼泽土分为沼泽土、草甸沼泽土、腐泥沼泽土、盐化沼泽土和泥炭沼泽土5个亚类。泥炭土分为低位泥炭土、中位泥炭土和高位泥炭土3个亚类。

五、利用和存在的问题

（一）农业利用

泥炭是这两类土壤上有价值的自然资源。泥炭的用途很广，主要有：①用作肥料。泥炭含大量有机质及氮素，可作肥料，特别是低位泥炭，养分含量高，可作为肥料使用。但泥炭作肥料施用前要经过堆腐，以防止一些还原性物质有损作物生长。泥炭的吸收性能强，所含的大量活性腐殖质具有促进植物呼吸，利于根系发育的作用，故可将泥炭晾干粉碎以后，加入氨水制成腐植酸肥料施用。②制作营养土。泥炭含大量有机质，疏松多孔，通透性好，保水保肥能力又强，故可制作营养土，用于蔬菜、水稻、棉花等育苗，也可制作花卉土。制作营养土以半分解的低位泥炭较好。③工业用。分解很差的泥炭，可用作燃料或发电。

（二）农牧业生产利用

疏干排水是利用沼泽土（包括泥炭土）的先决条件，但是在大面积疏干之前一定要进行生态环境分析，防止不良生态后果的发生。小面积的治涝田间工程，如修筑条台田、大垄栽培等，以局部抬高地势，增加田块土壤的排水性，也可以促进土壤熟化。有些排水稍差的沼泽土，由于有湿生植被，可以作为牧场或刈草场，如放牧，但要注意沼泽土的湿陷性很强，防止牲畜陷落和饮水卫生及烂蹄等。在东北大、小兴安岭及长白山林区有部分沼泽土上的森林，如落叶松等，由于水分过多而林木生长不良，应采取局部排水改良，增强林木的种子萌发与自然更新。

（三）作为湿地资源保护

沼泽土和泥炭土是天然湿地，对于调节气候、防止洪涝有巨大作用；同时，沼泽土和泥炭土上生长着湿生植物，积水地带有淡水鱼类，也是许多水禽的栖息地。因此，将沼泽土和泥炭土作为湿地资源保护起来，既有利于保护生物多样性，也有利于蓄洪防洪，调节气候，保护生态环境，这对于中国现存天然湿地资源不多的情况来说，尤其重要。

六、沼泽土改良利用案例

【背景】1986 年以来，东方红林业局先后进行改良试验，造林1 140 hm²，均为落叶松速生丰产林，造林平均成活率达到95.5%，保存率达到 92.4%。造林当年、翌年和第三年平均高生长分别达到 15.4 cm、44.9 cm、46.8 cm。

【材料与方法】

（1）机械和大垄造林。试验面积 1 034 hm²。在春秋两季，具体时间为春融土厚 30 cm 至 7 月中上旬和两季过后至解冻前，利用拖拉机悬挂牵引单铧开荒犁直接翻垄口大垄，每隔 80 cm 翻一垄，垄厚 30 cm，垄宽 80 cm，将垄翻扣在未翻的 80 cm 的地块上，形成垄式、垄沟与排水系统成斜交，交角以 45°~75°为宜。扣实垡片，不露杂草，不立垡。在翌年春利用郭氏锹营造落叶松。由于未翻动的杂草被垡片所压，垡片上的杂草呈倒立状。为此，抚育年限次数为 0、2、1，均采用刀抚。

（2）人力筑高台造林。试验面积 106 hm²。改良时间为秋季。高台密度为 660 个/hm²，高台间距为 3 m×5 m，高台规格为 1 m×1 m×0.3 m。筑高台时，先将台底余物清理干净并创松土壤，然后在四周取土筑成台型。主抬土要细碎，台中不能有生格子。造林采取窄缝栽植，树种为落叶松。每台 5 株，即四角加中心各植 1 株。

【结论】东方红林业局宜林沼泽土和草甸土分布面积大且集中连片，适于机械化作业和采取集约化经营，适宜发展速生丰产林基地。经过 20 年的改良复合生态经营，森林覆盖率由 60.09%提高到现在的 73.86%，使森林土壤得到充分的改良利用。原有的森林资源"休生养息"得以恢复。通过采取集约经营措施，达到速生、丰产、优质，实现森林资源的良性循环。

第十二章　土壤盐碱土土纲共同特性及盐碱土改良利用案例

　　盐碱土是在气候干旱、蒸发强烈、地势低洼、含盐地下潜水位高和人为活动等因素综合作用下，以盐（碱）化过程为主导，使土壤表层或土体中积聚大量可溶性盐类，从而抑制作物正常生长的土壤。盐碱土土纲主要包括盐土和碱土。盐土是指土壤中易溶盐的含量大于1%（我国东部季风区）或大于2%（我国西部干旱地区），且易溶盐是以氯化物和硫酸盐等中性盐为主，pH值＜9的土壤；碱土中含可溶性盐少，主要含交换性钠离子、碳酸钠或重碳酸钠，pH值＞9，土体中有坚实的柱状结构B层的土壤。我国的盐土分布较广，碱土呈零星分布，常与盐土或其他土壤组成复区。

　　根据联合国教科文组织和粮农组织不完全统计，全世界盐碱地的面积为9.543 8亿hm²，其中我国为9 913万hm²。我国盐碱土主要分布在西北、华北和东北平原的低地、湖边或山前冲积扇的下部边缘，以及东部沿海地势低平、含盐地下水位较高的低平原地带。

一、成土条件

　　盐土除滨海地带外，主要分布在干旱、半干旱、半湿润气候区，蒸发量和降水量的比值均大于1，土壤水盐运动以上升运动为主，蒸发强烈导致盐分积累于地表，气候越干旱，土壤积盐程度越强。我国东部黄淮海平原和东北松嫩平原地区虽处太平洋季风气候区，但因全年土壤积盐时间（5~6个月/年）超过土壤淋盐时间（仅3个月/年），即土壤积盐过程大于淋盐过程，导致土壤盐化。在我国高寒干旱、半干旱气候地区，土壤积盐还受土壤冻融作用影响。地形高低起伏直接影响地面和地下径流的运动，也影响土体中盐分的运动。因此，在内流封闭盆地、半封闭径流滞缓的河谷盆地、泛滥冲积平原、滨海低平原及河流三角洲等不同地貌环境条件下，形成不同类型的区域盐碱土。在高原湖盆洼地边缘，从地形高处到低处，相应地出现钙、镁碳酸盐和重碳酸盐类型，逐渐过渡到硫酸盐类型和氯化物-硫酸盐类型，至水盐汇集末端的滨海低地或闭流盆地多为氯化物类型。盐碱土母质包括河湖沉积物、海相沉积物、洪积物和风积物等第四纪沉积物，且这些沉积母质多含一定数量的可溶性盐分。有些地区土壤盐碱化受古老的含盐地层与水文及水文地质条件影响。其中地表径流通过河水泛滥或引水灌溉，使河水中盐分残留于土壤中，或通过河水渗漏补给地下水，抬高地下水位，有助于地下水中的盐分上行积累。地表径流引起的土壤盐渍化强弱程度，主要取决于河水的含盐量和流经的地层。在盐碱土中生长盐生和耐盐或耐碱植物，盐生植物含盐量可达 $200 \sim 350$ g/kg，如藜科的碱蓬、盐吸、地枣，菊科的羊角菜、禾本科的马绊草等。总体上，盐碱土地区植被极为稀疏，甚至为不毛之地。

二、主要成土过程

1. 盐土

根据盐土形成条件及成土过程特点，大致可分为现代积盐过程、残余积盐过程。

（1）现代积盐过程是指现代正在进行的盐分累积过程，即地下水和地表水以及母质中所含的可溶性盐分，在强烈的地表蒸发作用下，通过水分的迁移逐渐在地表和上层土体中不断累积的过程。另外，因地下水位大幅度下降，人为灌水时采取大水漫灌或在低洼地区只灌不排，以至于含盐地下水上升很快而积盐，使原来未盐碱化土壤变成了盐碱地，属于现代积盐过程，这种现象称为土壤次生盐渍化。

（2）残余积盐过程是指由于地壳运动等原因，改变了原有导致土壤积盐的水文和水文地质条件，现代土壤积盐过程基本停止，只在地质历史时期曾进行过强烈的积盐作用。

2. 碱土

碱土主要成土过程为碱化过程。碱化过程又称钠质化过程，是交换性钠或交换性镁不断进入土壤吸收复合体的过程，该过程含盐量一般不高，土壤呈强碱性反应，土壤物理性质极差，作物生长困难。

三、基本理化性质

盐土是含大量中性可溶盐类，致使作物不能生长的土壤。一般具有积盐的表层，剖面构型为 Az-B-Cg 或 Az-Bz-Cz 等。诊断土壤分类要求有盐积层，该层厚度至少为 15 cm，易溶盐的含量 ≥ 10 g/kg，干旱地区 ≥ 20 g/kg。盐土腐殖质含量低，除滨海酸性硫酸盐盐土呈酸性，一般都呈碱性，盐基饱和，典型盐土剖面地表有白或灰白色盐结皮、盐霜或盐结壳。

碱土是指土壤碱化层交换性钠占交换性阳离子总量即碱化度20%以上，土壤表层含盐量不到 0.5%，pH 值大于 9 呈强碱性的土壤。碱化层（Btn）是指剖面中土粒高度分散，湿时泥泞，干时板结坚硬，呈块状或棱柱状结构、物理性质极差的土层。诊断土壤分类碱化层为碱化度（ESP）≥ 30%，pH 值≥9.0，表层含盐量＜5 g/kg，呈柱状或棱柱状结构，且具有含交换性钠高的特殊淀积黏化层。

盐碱土的有机质含量少，土壤肥力低，理化性状差，对作物有害的阴、阳离子多，作物不易出苗。

四、亚类

盐土可分为草甸盐土、滨海盐土、沼泽盐土、酸性硫酸盐盐土、漠境盐土和寒原盐土；碱土分为草甸碱土、草原碱土、角裂碱土、盐化碱土与流漠碱土5个亚类。

五、利用和存在的问题

盐碱土因土壤溶液中易溶盐增加，土壤溶液的浓度和渗透压增加，引起植物的生理干旱，影响植物吸收水分和养分以及气孔的关闭，导致植物干旱枯萎。目前部分盐碱土通过一系列改良措施，在生产上得到有效合理的利用。但因盐碱土形成条件差异大，对植物危害程度不同，故需根据不同盐碱土合理规划。如轻度盐碱化土壤大部分已开垦为耕地，可种植玉米、甜菜、向日葵、高粱等旱作以及枣、梨、苹果、桃、葡萄等果树，在水资源丰富地带种植水稻。中度和强度盐碱化土壤，少部分开垦种稻，大部分为野生盐生或碱生植物，如盐蓬、碱蓬、柽柳、骆驼刺、胡杨以及糁子、草木樨、紫花苜蓿、籽粒苋、海蓬子（含食用油多于大豆）、乌桕等，但仍有相当部分盐土和碱土为荒地或光板地。

六、改良措施

我国第三次全国土壤普查将未利用的盐碱土作为具有潜力、可开垦耕地资源重点调查。显然，治理开发未利用盐碱土，能有效扩增国家的耕地资源。盐渍土的形成主要是受水盐运动过程控制，一直以来改良盐碱土在很大程度上是对土壤水盐运动的调节，其次盐碱土是我国中低产田类型之一，采取以施有机肥料和高效复合肥为主、控制低浓度化肥使用的方法，改善其理化性质，提高其耕地质量。

目前，世界各国大多从营造农田防护林开始，结合选育耐盐植物、侧重水利工程排水洗盐、农业耕作和生物培肥等措施，近年来，随着科学技术快速发展，特别是采用分子生物技术，使植物耐盐机理、耐盐品种选育研究有了新的突破。概括起来改良措施主要包括 4 个方面：①物理调控，相对操作性较强，包括耕作措施（如免耕、深耕晒垡、深松破板和粉垄深旋等）、农艺措施（如地面覆盖、蒸腾抑制剂和秸秆深埋等）、通常采用沙子、炉渣等孔径度大的材料创建抑制土壤盐分上行的隔层。②化学调理，见效快、材料配方灵活多样。包括施用膨胀性、分散性、黏着性等改良剂，改善土壤结构，施用石膏置换土壤 Na^+，促进盐分淋洗，利用无机酸、有机酸和 Fe^{2+}、Al^{3+} 水解产生的 H^+ 中和清除土壤溶液中的 OH^-，消除碱害，而酸性硫酸盐土需先灌溉洗酸排酸后增施钙、镁磷肥和石灰，以消除或减轻酸害。③工程管理，包括滴灌控盐、膜下滴灌、暗管竖井排盐、碱冰冻融、淡咸水灌溉。④生物改良，具有经济、有效、可持续的特点，如种植绿肥、牧草、耐盐植物、选育耐盐品种（系）和接种重要功能菌等。因不同措施对盐碱土的改良利用效果不同，所以生产实践中，应采取多种措施综合改良。

七、盐碱土改良利用案例

案例一：淡咸水灌溉改良土壤含盐量

【背景】我国淡水资源匮乏，但微咸水资源丰富，交替使用淡水和微咸水进行灌溉，即可缓解淡水资源短缺问题，又可降低单一微咸水灌溉对土壤和作物的不良影响。

生物质炭是在低氧下生物质热解生成的有机材料，研究表明可以改善土壤物理性质，减缓盐分胁迫对作物的危害，并提高作物耐盐性能。

合理利用微咸水资源和生物质炭改良剂改良盐碱土，效果更好。

【材料与方法】

1. 试验材料

供试土壤取自江苏省盐城市东台典型滨海垦区，质地粉砂壤土；自制生物质炭改良剂两种：一种为小麦秸秆生物质炭，另一种稻壳生物质炭；试验用水为纯净水和矿化度为 5 g/L 的微咸水。

2. 试验方法

依据生物改良剂种类和生物质炭与土壤的质量比，试验设计 7 个处理，分别为 CK（空白对照）、C1（小麦秸秆生物质炭，质量比 1%）、C2（小麦秸秆生物质炭，质量比 2%）、C3（小麦秸秆生物质炭，质量比 3%）、C4（小麦秸秆生物质炭，质量比 5%）、W1（稻壳生物质炭，质量比 1%）、W2（稻壳生物质炭，质量比 3%）。

自制试验装置由供水设备、试验土柱和水盐测定装置 3 部分组成。生物质炭研磨、过 2 mm 筛后，与土柱表层（0~20 cm）的盐渍土样充分混合均匀。装填时共分 5 层，每层 8 cm 均匀装入土柱。试验先连续灌溉 3 次淡水，再连续灌溉 3 次同体积的微咸水（矿化度为 5 g/L），对所有处理进行相同的操作。

【结果分析】

1. 对土壤电导率的影响

土壤电导率是反映土壤含盐量的重要指标。如表 12-1 中数据显示，在浇灌纯净水后，各处理表层土壤的电导率均远小于初始土壤的电导率；而在浇灌微咸水后，各处理表层土壤的电导率均会上升，其中 C3 和 C4 处理土壤的电导率高于初始土壤的电导率，其他处理电导率均低于初始土壤的电导率，其中以 W1 和 C2 两处理降幅最大。

表 12-1 土壤的电导率 （单位：$\mu S/cm$）

处理	电导率						
	CK	C1	C2	C3	C4	W1	W2
初始	96.3	98.2	92.3	96.1	99.3	91.4	96.2
1 次	24.3	24.5	24.8	19.3	21.3	22.5	22.2
2 次	76.3	96.1	68.3	96.8	109.2	65.7	74.9

注：数据来源于王春婷等（2023），本案例下同。

2. 对土壤脱盐率的影响

由表 12-2 中数据可知，与对照相比，仅 C4 处理土壤脱盐率小于对照，其他处理土壤脱盐率均高于对照，脱盐率表现为 W1＞C2＞W2＞C1＞C3＞CK＞C4。可见在掺入相同质量比的生物质炭的情况下，稻壳生物质炭脱盐效果优于小麦秸秆生物质炭，另外还可获悉，添加生物质炭脱盐效果与质量比有关，其中添加小麦秸秆生物质炭以质量比 2% 的效果最佳，添加质量比 5% 的效果最差且低于对照，而添加稻壳生物质炭以质量比 1% 的效果优于质量比 3% 的处理。

表 12-2 土壤脱盐率 （单位：%）

处理	CK	C1	C2	C3	C4	W1	W2
脱盐率	42.03	42.50	50.19	42.45	38.59	50.82	48.11

注：脱盐率＝（总的给水含盐量－总的产水含盐量）/总的给水含盐量×100%。

【结论】本试验结果表明，滨海盐碱土掺入合适质量比的生物质炭，在淡水-微咸水轮灌下有利于土壤的脱盐。且采用同样质量比的情况下稻壳生物质炭效果好于小麦秸秆生物质炭，一般添加质量比为 1%～3% 的稻壳生物质炭或质量比为 2% 左右的小麦秸秆生物质炭均有利于土壤脱盐，改善植物的生长环境。

案例二：土壤次生盐渍化的改良

【背景】设施蔬菜生产迅猛发展的同时，由于连作及盲目大量施肥导致土壤次生盐渍化问题，影响蔬菜产量和品质。而增施生物有机肥和改良剂对设施土壤次生盐渍化的改良效果明显。

【材料与方法】

1. 试验材料

供试肥料为沃土绿丰青海恩泽牌酵素生物有机肥，土壤改良剂为松土精。乐都地区供试蔬菜为乐都长椒，土壤为栗钙土（黄土母质），棚龄为 10 年，温室土壤全盐量 43 g/kg；西宁地区供试蔬菜为番茄（保红）、黄瓜（春秋王），棚龄分别为 9 年和 6 年，土壤为灰钙土（第四纪黄土母质），温室土壤平均全盐量 3.43 g/kg；格尔木地区供试蔬菜为油白菜（上海青），棚龄为 8 年，土壤为棕钙土（黄土状冲积物），温室土壤全盐量 311 g/kg。

2. 试验方法

试验于 2007—2008 年连续两年在格尔木园艺厂、西宁市蔬菜研究所示范园、乐都县北门坡村的温室中进行。共设 4 个处理（表 12-3）：处理 1（生物有机肥+改良剂），处理 2（生物有机肥），处理 3（改良剂），处理 4（常规肥 CK）。施用方法：生物有机肥结合整地做基肥撒施翻入耕层，改良剂用量 1/3 做基肥与 20~30 kg 干细土充分混匀后全面撒施、2/3 分 2 次溶解于 400 kg 水中做追肥冲施，常规肥中磷酸二铵、农家肥、麻渣均做基肥撒于地面翻匀，尿素做为追肥。处理 1、处理 2 和处理 3 中磷酸二铵做基肥，尿素做追肥。每处理 3 次重复，小区面积 20 m²，随机排列。

表 12-3　试验设计　　　　　　　　　　　　　　（单位：kg）

处理	施用量					
	生物有机肥	改良剂	磷酸二铵	农家肥	麻渣	尿素
1	200	0.6	20	—	—	10
2	200	—	20	—	—	10
3	—	0.6	20	—	—	10
4	—	—	40	4 000	10	20

【结果与分析】

1. 不同处理对土壤盐分、pH 值和养分含量的影响

由表 12-4 可看出，在 3 个试验区生物有机肥和土壤改良剂单施或混施

处理的盐分含量均比对照有所降低。在乐都的试验中，处理1、处理2和处理3比对照盐分分别下降43.7%、37.2%和27.7%；在西宁的试验中，处理1、处理2和处理3比对照盐分分别下降了52.2%、42.3%和30.3%；在格尔木的试验中，处理1、处理2和处理3比对照盐分分别下降了39.2%、33.4%和30.9%。3个试验区有机质含量仅西宁和格尔木的试验中处理1比对照略有下降，其他处理有机质含量均高于对照，增幅为3.2%~31%，其中以格尔木的试验中处理3增加最多。各处理对pH值、碱解氮、有效磷以及速效钾含量的影响存在差异，规律不一致。单从对表层盐含量影响来看，以"生物有机肥+改良剂"混施对设施土壤的改良效果最好。

表 12-4　不同处理对温室土壤表层 0~20 cm 盐分、pH 值及养分的影响

试验地点	处理	pH 值	有机质/（g/kg）	碱解氮/（mg/kg）	有效磷/（mg/kg）	速效钾/（mg/kg）	全盐/（g/kg）
乐都	1	7.84	23.41	195	159	251	2.42
	2	7.45	20.75	285	224	294	2.70
	3	8.04	19.84	271	176	226	3.11
	4	7.30	18.68	435	182	275	4.30
西宁	1	7.64	23.36	196	184	148	1.64
	2	7.64	30.31	206	188	218	1.98
	3	7.72	26.32	159	159	94	2.39
	4	8.0	24.13	182	149	185	3.43
格尔木	1	8.26	19.35	178	124	187	1.89
	2	7.67	28.06	295	192	231	2.07
	3	7.72	30.67	190	145	269	2.15
	4	8.09	23.41	271	176	226	3.11

注：数据来源于张生田等（2011），本案例下同。

2. 不同处理对蔬菜生长发育的影响

由表 12-5 可知，与对照相比，生物有机肥和改良剂单施或混施均能提高辣椒、番茄、黄瓜、油白菜的株高、茎粗、叶片大小、单果重，其中以"生物有机肥+改良剂"混施的效果最显著。

表 12-5　不同处理对蔬菜生长发育的影响

蔬菜	处理	株高/cm	茎粗/cm	叶绿素含量/(mg/m²)	叶片数/片	最大叶片/cm²	结果数/个	单果重/g
辣椒	1	52.65	0.61	5.79	16.83	11.66	2.70	100
	2	46.23	0.59	4.92	15.25	10.62	2.70	98
	3	53.25	0.65	3.96	11.14	9.87	2.72	101
	4	38.05	0.42	3.71	10.96	8.52	2.46	83
番茄	1	32.13	1.10	4.96	14.76	251.2	1.59	178
	2	30.38	0.90	4.79	14.39	247.6	1.50	170
	3	26.70	0.79	4.68	14.40	183.2	1.42	163
	4	25.56	0.62	3.72	12.78	125.1	0.75	60
黄瓜	1	108.07	0.88	4.34	15.43	434.3	3.05	162
	2	105.85	0.82	4.07	15.01	430.1	2.90	157
	3	101.80	0.77	3.98	14.55	426.3	2.70	143
	4	92.90	0.73	3.03	13.57	391.5	2.25	131
油白菜	1	18.12	—	7.91	10.42	46.91	—	68
	2	17.83	—	7.65	10.20	46.20	—	59
	3	17.35	—	7.23	9.78	43.33	—	52
	4	15.08	—	6.15	9.25	38.52	—	46

3. 不同处理对蔬菜病害的影响

两年 3 个试验中（表 12-6），辣椒根腐病和疫病的发病率，处理 1 分别比对照降低 88.9% 和 81.8%，处理 2 比对照分别降低 77.8% 和 72.7%，处理 3 比对照分别降低 77.8% 和 63.6%；番茄青枯病和根腐病在处理 1 和处理 2 中基本未发现，处理 3 比对照分别降低 75% 和 83.3%；黄瓜根腐病和枯萎病有轻微发生，最少比对照分别降低 85.7% 和 81.8%。通过比较发现，"生物有机肥+改良剂"混施各种病害发病最轻。

表 12-6　不同处理对蔬菜病害的影响

蔬菜	项目	处理 1			处理 2			处理 3			处理 4（CK）		
		调查株数	发病株数	发病率/%	调查株数	发病株数	发病率/%	调查株数	发病株数	发病率/%	调查株数	发病株数	发病率/%
辣椒	根腐病	50	1	2	50	2	4	50	2	4	50	9	18
	疫病	50	2	4	50	3	6	50	4	8	50	11	22
番茄	根腐病	50	0	0	50	0	0	50	1	2	50	4	8
	青枯病	50	0	0	50	0	0	50	1	2	50	6	12
黄瓜	根腐病	50	1	2	50	0	0	50	1	2	50	7	14
	枯萎病	50	0	0	50	1	2	50	2	4	50	11	22

4. 不同处理对蔬菜增产效益的影响

由表 12-7 可看出，与对照相比，3 个处理均有较好的增产增值效果，辣椒、番茄、黄瓜、油白菜增施"生物有机肥+改良剂"每亩分别平均增产 575.1 kg、1 047.7 kg、924.5 kg、347.2 kg，增幅分别为 21.2%、28.5%、25.2%、18.8%，每亩分别增值 1 680.3 元、2 304.9 元、1 849.0 元、555.6 元；增施生物有机肥每亩平均增产分别为 422.7 kg、882.8 kg、799.7 kg、288.1 kg，增幅分别达到 15.6%、24.0%、21.8%、15.6%，每亩分别增值 1 352.6 元、1 924.2 元、1 599.5 元、461.0 元。增施改良剂各蔬菜增产增值效果最差，每亩增产幅度为 220.0～598.5 kg，增值 352.0～1 213.1 元。施肥措施增产增值对番茄效果最佳，油白菜效果最差。

表 12-7　不同处理对蔬菜每亩增产效益的影响　　　　　（单位：kg）

蔬菜	处理 1	处理 2	处理 3	处理 4（CK）	处理 1 比 CK		处理 2 比 CK		处理 3 比 CK	
	产量	产量	产量	产量	增产	增值/元	增产	增值/元	增产	增值/元
辣椒	3 243.1	3 140.7	3 096.4	2 718.0	575.1	1 680.3	422.7	1 352.6	378.4	1 210.9
番茄	4 723.7	4 558.8	4 227.4	3 676.0	1 047.7	2 304.9	882.8	1 924.2	551.4	1 213.1
黄瓜	4 593.0	4 468.3	4 267.0	3 668.5	924.5	1 849.0	799.7	1 599.5	598.5	1 197.0
油白菜	2 194.2	2 135.1	2 067.0	1 847.0	347.2	555.6	288.1	461.0	220.0	352.0

注：辣椒 3.2 元/kg，番茄 2.2 元/kg，黄瓜 2.0 元/kg，油白菜 1.6 元/kg。

【结论】本试验结果表明，增施"生物有机肥+改良剂"和单施生物有机肥对降低土壤盐分和对蔬菜的生长发育、产量、病虫害等的影响均优于单施改良剂，尤其是"生物有机肥+改良剂"混施增产增值效果显著。另外，同一措施对不同蔬菜的增产效果也存在差异，在生产中，应选种适宜的蔬菜，结合土壤深耕、合理灌溉、地膜覆盖等农艺措施，采取科学的水、肥调控和综合管理以取得更好的改良效果。

第十三章 人为土土纲共同特性及水稻
土改良利用案例

人为土是在自然土壤（即母土）的基础上，经由人工长期熟化或改变原母土性质，或者在原母土表层之上再重新覆盖新的熟化土层，从而形成的土壤。水稻土、灌淤土和菜园土是典型的人为土。

一、成土条件

水稻土是在长期种稻环境中通过人为水耕熟化与自然成土因素的双重影响下而形成。其特性表现在水耕熟化和氧化还原过程中，形成了具有水耕熟化层（W）、犁底层（Ap2）、渗育层（Be）、水耕淀积层（Bshg）和潜育层（Br）的特有剖面构型。我国的水稻种植广布全国，从黑龙江的呼玛到海南岛的三亚，从台湾到新疆的伊犁河谷和喀什地区，从海拔 2 700 m 的高原到海平面以下的低地，只要生长期在 100 天左右并有足够的灌溉水源的地方，都适合种植水稻。然而，北方单季稻区，包括东北、华北和西北的稻区，水稻土仅零星分布；而南方稻区，包括华南、西南、四川盆地和长江中下游稻区，则是水稻土的集中分布地区。在淮河和秦岭一线以南的南方稻区，水稻土占全国的 93%，而北方稻区的占比仅为 7% 左右。

灌淤土是具有一定厚度灌淤土层的土壤，这种灌淤土层是在引用含有大量泥沙的水流进行灌溉、落淤与耕作施肥交叠作用下形成的。其土壤的颜色、质地、结构和有机质含量等性状较为均匀一致，其中散布有砖瓦、陶瓷、兽骨以及煤屑碎片等入侵体；在地下水位较深的地区，土壤盐分会随灌溉水的下渗而下移。灌淤土总面积为 152. 65 万 hm²，广泛分布于我国的半干旱和干旱地区，从东部的西辽河平原到内蒙古、宁夏、甘肃和青海的黄河冲积平原，再到新疆的昆仑山北麓和天山南北的山前冲积扇和河流冲积平原，只要是多年引用含有大量泥沙的水流进行灌溉的地区，都可能有灌淤土的分布。但灌淤土主要分布在引黄（河水）灌区。这些地区的热量较为丰富，但降水量却不足。年平均气温为 6~10 ℃，≥10 ℃ 的积温达到 2 500~3 500 ℃。平均年降水量从西部的 100 mm 到东部的 400 mm。

菜园土是人为长期种植蔬菜，经过高度熟化过程形成的具有厚熟表层的人为土。由于蔬菜对氧气的需求量大，且喜欢水分和肥料，所以需要频繁的土壤耕作和灌溉以及大量施用动物性有机肥料，这使菜园土成为人为土中熟化度最高的土壤。菜园土由不同的母土发育而成，其前身有相当一部分是潮土或水稻土，以前曾将菜园土视为灰潮土、黄潮土等亚类的一个土属，但由于菜园土的高生产力，其与原母土的性质差异很大，因此形成了一个特殊的类型。

二、主要成土过程

（一）水稻土主要成土过程

1. 水耕腐殖质积累

水淹条件有利于腐殖质的积累，而排水则有助于有机质的矿化。水稻土的胡敏酸、富里酸比例高于相应的地带性土壤和旱地土壤，然而胡敏酸的腐殖质化程度较低，这是其腐殖质组成的特征。总的来说，随着水耕时间的延长，腐殖质含量增高，其组成越来越简单。

2. 水耕淋溶作用

水耕土壤在淹水后，灌溉水逐渐从耕层渗透到下层，产生一系列的淋溶作用，包括水耕机械淋溶、水耕溶解淋溶、水耕还原淋溶、水耕络合淋溶等过程。

（1）水耕机械淋溶。水耕机械淋溶指的是土壤内的硅酸盐黏土在水中形成的悬浮粒子移动。这种悬浮粒子移动在灌溉水的作用下得以充分发展，细颗粒和粉砂粒在水的重力作用下做垂直运动，从而导致水耕土黏土的下移，形成一层比旱作土壤更加明显的犁底层。

（2）水耕溶解淋溶。水耕溶解淋溶是指土壤内的物质形成真溶液，随土壤渗漏水迁移。被迁移的主要是钠离子、钾离子、钙离子、镁离子等阳离子和氯离子、硫酸根离子、硝酸根离子等阴离子。

（3）水耕还原淋溶。水耕还原淋溶指的是水稻土中某些元素（最典型的是铁和锰）在高价态时的溶解度极小，基本不活动，但是被还原成低价态后，其活动性大大增强的现象。

（4）水耕络合淋溶。水耕络合淋溶是指土壤内的金属离子以络合物形态进行的迁移。在铁和锰的淋溶过程中，这种作用并不改变铁和锰离子的氧化态。然而，由于某些有机配位基具有与铁和锰离子形成络合物的强大能力，它们能够使铁和锰离子从土壤固相转移到液相中。因此，络合作用有助于铁和锰的淋溶作用。

（二）灌淤土主要成土过程

1. 灌溉淤积

若灌溉水含有大量泥沙，泥沙会随着水流入田地中并逐渐淤积。而干旱地区因植被覆盖度较小，土壤层疏松，河水中的泥沙含量较大。此外，在灌溉过程中，农民还会搬运大量泥土进行填土，或者把吸收了牲畜粪便的泥土施入土壤中，使土地表面进一步抬升。一些人为活动的侵入体，如炭屑、煤渣、砖瓦和陶瓷碎片等，也会随着这些"土类"一起进入土壤。随着地面的抬升，灌淤土层逐渐增厚，耕作层也随之增厚。

2. 灌水淋溶

灌淤土每年的灌水量可达 $9\,000\sim15\,000\ \mathrm{mm/hm^2}$，甚至更多，这对土壤产生了淋溶作用。土壤中的黏粒与腐殖质等胶粒随着灌溉水的流动形成胶膜。但在同一剖面中，黏粒的化学组成和矿物组成没有明显的差异，这表明灌溉的淋溶作用主要体现为土壤胶粒和简单有机物质的下移。

3. 灌淤培肥

通过耕翻、耙地、中耕等耕作措施，将灌溉淤积物、肥料、作物根茬和耕作层土壤混合在一起，使灌水淤积物的层次消失。作物根系在土层中穿插，蚯蚓在土中翻动以及冬春季节的冻融作用，都使土壤结构得到改善，孔隙增多。

施肥对灌淤土有明显的培肥作用。在历史上，主要的肥料是土粪，用量在 $22\sim120\ \mathrm{t/hm^2}$。定位试验显示，连续施用土粪 8 年后，有机质含量由 $14.6\ \mathrm{g/kg}$ 增至 $16.2\ \mathrm{g/kg}$。因此，灌淤土的有机质和养分含量比其母土有所提高。

（三）菜园土主要成土过程

1. 腐殖质的积累

菜园土由于连续大量施用有机肥和土壤湿度较大，有机质明显积累。在 0~25 cm 的土层中，有机质含量一般为 18~45 g/kg，最高能达到 80 g/kg。这种土壤颜色深暗，呈粒状到团块状结构，与其粮田母土有显著的差异。在这一层土壤中，蚯蚓粪便、蚯蚓洞穴、人为侵入体以及各种养分都非常丰富。

此外，菜园土下方的过渡肥熟亚层位于 25 cm 以下，这一层的有机质含量在 17 g/kg 左右，其各种性质都与上述的腐殖质肥熟层非常相似，养分含量一般都超过粮田母土的耕作层。

2. 磷的高度富集

相比母土，菜园土壤表层的磷含量富集最为显著，包括有效磷和全磷。例如，在北京郊区的土壤中，养分富集系数的趋势为：磷＞硫＞氮＞钙＞钾。这表明磷的积累程度很高，而钾的积累程度则相对降低。

一般来说，种植时间越长，磷在剖面中下层的含量也越高。菜地施用的肥料主要是动物性有机肥料，其中磷、硫、氮、钙的含量显著高于植物性有机肥料，而钾含量则偏低；蔬菜对氮、磷、钾的吸收比通常为 1：(0.3~0.4)：(1.3~1.9)，其中吸钾是吸磷的 4~5 倍，因此作物的吸收差异会导致土壤中的积累差异；蚯蚓吞食植物后，其排出的粪粒中磷的含量增加，而钾含量不变，这进一步促使土壤磷富集。

3. 旱耕的培肥效果

施肥、灌溉和耕作都加速了土壤的培肥作用，而蚯蚓的作用也非常重要。在人为耕作和蚯蚓的"生物犁"作用下，土壤的肥力持续提高。除了养分增多，土壤的孔隙度也有所增加。一些地方的菜园土在历史上还会施用煤渣，这可以使肥沃土壤的质地变得更轻，这种"壤质化"作用使土壤变得更加疏松。由于土壤疏松多孔、结构良好，肥沃土壤的通气性和导热性都较高。冬季冻结晚，春季解冻早，这有利于蔬菜的生长。

三、基本理化性质

典型的水稻土剖面构型为：W-Ap2-Be-Bshg-C。其中，W 为水耕熟化层，由原土壤表层经过淹水耕作形成，在灌水时呈泥烂状态，干燥后可分为两层。第一层厚度为 5~7 cm，表面由分散土粒组成，表面以下为小团聚体，含有较多的根系和根锈。第二层土色暗且不均一，夹杂着大土团和大孔隙，空隙壁上附着铁、锰斑块或红色胶膜。Be 为渗育层，是季节性灌溉水渗淋下形成的，既包含物质的淋溶，又包含耕层中下部淋溶物质的淀积。一般可分为两种情况，一种是可以发展为水耕淀积层，另一种是经过强烈淋溶而形成的白土层（E），后者可视为铁的还原作用的结果。Bshg 为水耕淀积层，也称为耕淀层，有时被称为鳝血层。该层含有较多的黏粒、有机质、铁、锰和盐基等成分。

与旱作土壤相比，水稻土有利于有机质的积累，因此有机质含量较高。水稻土中的全氮含量也相对较高。然而，水稻土容易缺乏磷和钾等营养元素。此外，水稻土的 pH 值受水分管理的影响较大，淹水后土壤 pH 值容易向中性方向变化。

灌淤土的剖面形态比较均匀，上下没有明显的变化。剖面构型主要由灌淤耕层、灌淤心土层和下伏母土层组成。灌淤土一般为壤质土，具有疏松多孔的结构。在灌淤耕层中，土壤有机质、氮、磷和钾的含量相对较高。

菜园土的剖面构型主要包括人工腐殖质层、熟化土层和旱耕淀积层等。菜园土是经过长期培肥才能形成的土壤，具有较高的熟化程度、养分水平和生产力水平。在菜园土中，磷的富集特性较为明显。

四、亚类

水稻土主要包含以下亚类：淹育水稻土、渗育水稻土、潴育水稻土、潜育水稻土、脱潜水稻土、漂洗水稻土、盐渍水稻土、咸酸水稻土。灌淤土主要包含以下亚类：普通灌淤土、潮灌淤土、表锈灌淤土、盐化灌淤土。菜园土主要包含以下亚类：灌淤肥熟旱耕人为土、石灰斑纹肥熟旱耕人为土、酸性肥熟旱耕人为土、普通肥熟旱耕人为土、斑纹肥熟旱耕人为土。

五、利用和存在的问题

水稻土的水肥管理对于水稻的高产稳产非常重要，科学的水肥管理是实现水稻高产稳产的关键。然而，稻田退水容易引起周边水体环境的污染，需要注意防控水体环境污染的问题。一些低产稻田存在过砂或过黏的问题，这会影响水稻的立苗生长。灌淤土易发生次生盐渍化，需要注意灌淤土的盐碱化问题。此外，灌淤土的有机质和全氮含量相对较低，需要注意补充有机质和氮素。菜园土的肥力较高，但存在养分过量富集的现象，容易导致养分的流失，引起环境风险。另外，菜园土容易受到生活垃圾和污水的影响，面临着日益严重的污染威胁。

六、改良措施

针对稻田退水可能引起的环境风险，要注意做好综合防控，尽量使稻田营养元素勿直接进入周边水体，针对低产稻田过砂或过黏等问题，要采用掺黏或掺沙等手段进行改良。针对灌淤土易发生次生盐渍化问题，要对灌淤土加强农田建设，实行合理灌溉。

七、水稻土改良利用案例

案例一：长三角地区稻田面源污染防控

【背景】稻田是长三角地区最主要的种植类型。长三角地区水稻种植的总面积达到 807.04 万 hm^2，与河网水系紧密相连。然而，在水稻主要生育期（分蘖末期和灌浆期），人工排水和降雨引起的退水行为导致该地区田间氮、磷等养分极易流失，进而导致稻田周边水塘和河湖水体富营养化现象。据测算，整个长三角地区每年稻田退水氮流失量可达 29.5 万 t，磷流失量可达 6 295 t。

【对策】为综合防控农业面源污染，我国学者基于长三角太湖地区多年的研究实践，提出了源头减量（reduce）-过程阻断（retain）-养分再利用（reuse）-生态修复（restore）的"4R"策略。

源头减量是农业面源污染控制的关键和最有效的策略，类似于点源污染控制。通过优化养分和水分管理过程、减少肥料投入、提高养分利用效率以及实施节水灌溉和径流控制等措施，可以降低养分的源头排放。

过程阻断是通过采用生态沟渠、缓冲带、生态池塘和人工湿地等过程控制技术来阻止养分的流失。生态沟渠是农业领域最有效的营养保留技术之一，其中的氮、磷等营养物质可以通过生物拦截、吸附、同化和反硝化等多种方式去除。此外，采用保护性耕作、免耕和生态隔离带等措施也是拦截农业面源污染的重要手段。

养分再利用是指将面源污水中的氮、磷等营养物再度进入农作物生产系统，实现循环再利用。通过直接还田畜禽粪便和农作物秸秆中的氮、磷养分，或经过预处理后将养殖废水和沼液还田，为农作物提供养分。

生态系统修复是指对农业区内的污水路径（如运河、沟渠、池塘和溪流）进行修复，以提高其自净能力。采用生态浮床、生态潜水坝、河岸湿地和沉水植物等修复技术，以减少化肥投入和控制污染物的输出。

案例二：稻田土壤重金属污染防控

【背景】自20世纪中叶起，伴随人口的大幅度增长，以及采矿、冶炼、制造工业的快速发展，农用化学品的广泛使用以及城市污水的排放，导致了农田土壤中重金属含量显著增加。重金属污染不仅阻碍了水稻的正常生长发育，导致减产甚至绝收，更严重的是有毒重金属通过土壤-稻米-人类的食物链，对人类的生命健康构成直接威胁。自日本发生食用镉米产生骨痛病事件以来，稻米的重金属污染问题引起了全球的高度关注。近年来，中国稻米中有毒重金属超标的现象日益增多，汞米、铅米、镉米等恶性事件时有报道。

【对策】针对稻田重金属污染的治理与修复技术，主要分为以下几种：

（1）物理修复。①客土法和换土法，即在被污染的土壤表面覆盖上非污染土壤，或是部分或全部移除污染土壤，换上非污染土壤。这两种方法在治理严重污染的土壤中十分有效，但因需要投入大量的人力、物力和财力，故只适用于小面积严重污染的土壤治理。②深耕法，本方法适用于污染较轻且面积稍大的地域，通过翻耕将深层未污染的土壤翻到表面，从而减小对农作物的影响。③热处理、电动力学等修复技术，但这些方法能耗大、操作费用高。

（2）化学修复。该方法主要是向体系中投入改良剂或抑制剂，通过改变土壤的 pH 值等理化性质，使体系中的重金属发生沉淀、吸附、抑制和拮抗等作用，以降低有毒重金属的生物有效性。常用的化学修复方法有：①添加碱性物质如钙镁磷肥、石灰、碳酸钙等，它们可以提高稻田的 pH 值，促使土壤中的重金属元素形成氢氧化物或碳酸盐结合态盐类沉淀，从而降低稻米中有毒重金属的累积。②添加吸附物质。③采用离子拮抗物质。

（3）生物修复。该技术根据特定生物的生长和生理特性，利用生物和生态方法来适应、抑制和去除污染重金属。包括植物修复、微生物修复和动物修复等。植物修复是通过在污染的土壤上种植对污染物吸收力强、耐受性高的植物，应用植物的生长、吸收以及根区修复机理从土壤中去除污染物或将污染物予以固定。微生物修复是利用土壤中某些微生物对特定重金属元素具有吸收、沉淀、氧化还原等作用，以达到降低土壤重金属毒性的效果。动物修复则是通过一些特定的土壤动物（如蚯蚓）吸收土壤中的重金属，从而降低土壤中重金属的含量。

（4）农业措施。主要是在农田层面通过控制土壤水分管理、增施有机肥和改变耕作措施等方法来调节重金属的活性。

第三篇

专题案例篇

第十四章　耕地安全利用与修复的基础及典型技术案例

一、土壤重金属污染对人体健康的危害

重金属通过各种途径进入农田土壤后，主要通过食物链和农业生产过程中多种暴露途径（口、鼻、皮肤接触等）进入人体，对人体健康造成严重危害（表14-1）。

表 14-1　重金属对人体的危害

元素	对人体的危害
铜（Cu）	过量的铜会刺激消化系统，使血红蛋白变性，影响机体的正常代谢，导致心血管系统疾病
铅（Pb）	微量的铅对人体的神经系统和血液系统就会产生影响，特别是神经系统；对儿童的智力产生影响；铅也可造成流产、不孕以及对胎儿智力产生影响
铬（Cr）	六价铬化合物及其盐类毒性最大（比三价铬几乎大100倍），三价铬次之，二价铬最小；过量的铬会使人体全身中毒、引起皮炎、湿疹、气管炎等，有致癌作用
镉（Cd）	过量的镉会使人体肾、骨和肝发生病变，导致贫血、神经痛和关节痛等
镍（Ni）	过量的镍会引起急性中毒，出现恶心、眩晕、头痛等，还可引起严重水肿、咳嗽，心动过速等，严重者可致死；长期少量接触会引起慢性中毒，诱发癌症发病率增加
砷（As）	会导致皮肤癌和肺癌；诱发畸胎；砷化物能抑制酶的活性，干扰人体代谢过程，使中枢神经系统发生紊乱，并最终导致癌症
汞（Hg）	损伤中枢神经系统，重者诱发肝炎和血尿，轻者口腔炎、易怒、情绪不稳定

注：引自董良潇（2017）。

随着社会的不断进步、经济的快速发展和生活水平的稳步提高,人们对粮食安全和人体健康的关注度日益增长。因此,治理土壤重金属污染已成为亟待解决的严重环境问题。

二、重金属污染土壤修复技术

重金属污染土壤的修复是通过一定的修复措施,使受污染的土壤逐步恢复正常的生态功能。常用的修复技术包括物理修复、生物修复(植物、动物和微生物修复)、化学修复及其联合修复。目前,治理土壤重金属污染的途径主要有:通过添加修复材料,促进重金属向残渣态转化,降低其在环境中的迁移性和生物有效性;通过微生物、有机物等活化土壤重金属,利用超积累植物吸收、淋洗等方法从土壤中去除。

(一)物理修复技术

指通过各种工程措施和热脱附等技术将重金属从土壤中去除或分离。工程措施具有去除重金属彻底性和稳定性的特点,但工程量大、处理费用较高,易破坏土壤结构,导致处理后的土壤不宜农用。此方法更适用于小面积重度污染土壤的修复。

(二)生物修复技术

利用动物、植物或微生物的生命代谢活动,使土壤中重金属被吸收、富集或转化,达到无害化或降低生物毒性,改善或提高土壤质量的过程。植物修复是利用超积累植物对重金属的吸收特性和运转能力,将重金属转移到植物地上部分,并将地上部分收获后集中处理来降低土壤重金属的浓度,降低重金属的毒害。植物修复作用方式有植物提取、根际过滤、植物辅助、植物固化、植物转化和植物挥发等技术,其中植物提取是目前研究最多的修复方式,而超富集植物是适合植物提取的理想植物。如蜈蚣草对砷(As)具有超强的富集能力,且吸收的 As 在根部被高效还原后转移到地上部储存,地上部 As 的浓度可达干物质重的 1%以上。微生物虽然不能将重金属降解,但其直接参与重金属的生物地球化学循环,可以对它们进行固定、移动和转化,改变它们在环境中的迁移特性和形态,从而进行重金属污染的生物修复。动物修复是指土壤中的动物对重金属的吸收、运载和富集的过程。土壤动物可以通过自身吞食主动摄入污染物和污染物从土壤溶液穿过体表进入其体内的被动扩散作用吸收重金属元素，待其富集重金属后，采用电击、清水等方法驱出，再集中处理，从而在一定程度上降低土壤中重金属的含量。

（三）化学修复技术

相对于物理修复，化学修复技术发展较早，主要有土壤固化-稳定化、淋洗、氧化-还原、光催化降解和电动力学修复等。化学措施主要是向污染土壤中添加磷酸盐、硅酸盐、碳酸盐、生物质炭等降低重金属的溶解性，从而降低其生物有效性。由于化学修复技术成熟简单，操作简便、快速，可进行大面积的场地处理，而被广泛应用到土壤重金属修复中。常用于土壤重金属稳定化的材料有磷酸盐、碳酸盐、硅酸盐和有机物质，不同修复剂对重金属的作用机理不同。

采用含磷物质修复重金属污染土壤，是化学原位钝化修复中经济、有效的修复方法。磷酸盐治理重金属污染土壤时，并不能改变重金属的总量，而是通过改变重金属在土壤-植物系统中的形态来降低重金属的生物有效性或者毒性。磷酸盐是一种重要的低成本修复材料，广泛应用于土壤重金属的修复中，特别是对铅（Pb）的固定修复。常用的磷酸盐有磷灰石族矿物、骨粉、磷肥和磷酸盐等，含磷物质能显著降低土壤中重金属的溶出、转移及生物可利用性。目前含磷物质主要应用于 Pb 污染土壤和水体中的化学固定。磷酸盐的添加可促进 Pb 从交换态、碳酸盐结合态、铁锰氧化物结合态、有机物结合态转化为稳定的磷酸盐或者残渣态，从而降低 Pb 的可移动性和生物有效性。磷酸盐和重金属反应的产物是难溶的磷酸盐，在环境中的稳定性和自然形成矿物基本相同。

大量研究表明，活化磷矿粉可以用于修复 Pb、Cd、Cu 等重金属污染的土壤。姜冠杰等（2012）在 Pb 污染砖红壤中施加磷矿粉（PR）和经草酸活化的磷矿粉（APR）后，采用 Tessier 连续提取法分析了外源铅污染的砖红壤经磷矿粉和草酸活化的磷矿粉处理后土壤中铅形态的变化。研究结果表明：随着磷矿粉添加量的增加，与对照（64.1 mg/kg）相比，各处理中交换态铅质量分数比显著下降，磷矿粉处理的交换态铅为 0.1 mg/kg，而草酸活化磷矿粉处理的土壤中交换态铅并未检出；磷矿粉 50 mg/kg（PR1）处理的土壤中铁锰氧化物结合态铅为 69.5 mg/kg，低于对照

（74.2 mg/kg），降低约7%，其余均高于对照，APR3（2 000 mg/kg）处理后达最大值117.2 mg/kg；PR1处理的有机物结合态铅质量分数为20.7 mg/kg，其余均高于对照处理（21.8 mg/kg），APR3处理达到最大值46.5 mg/kg，增幅约113%；PR处理残渣态铅与对照相比（44.2 mg/kg）显著增加至60.6 mg/kg，增幅达到37%。显然，添加磷矿粉可有效降低砖红壤中交换态铅质量分数，大幅度提高稳定态铅质量分数，且草酸活化磷矿粉的效果更好（图14-1）。同时，草酸活化后磷矿粉的释磷能力增加，施用磷矿粉和草酸活化磷矿粉后钝化剂所释放的磷对环境构成风险可能性极小。

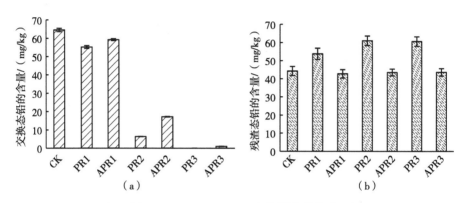

CK、PR1、PR2、PR3、APR1、APR2、APR3分别表示施入0 mg/kg、50 mg/kg、500 mg/kg、2 000mg/kg的未活化磷矿粉和草酸活化磷矿粉。

图14-1　砖红壤施加草酸活化磷矿粉和未活化磷矿粉后
交换态铅（a）和残渣态铅（b）含量
（姜冠杰等，2012）

近年来，因生物质炭具有多孔性、巨大的表面积以及表面大量含氧官能团（羧基、酚基、羟基、羰基、醌类物质）等特性，可吸附固定土壤中多种污染物，被广泛应用于农业和环境领域。作为一种新型的绿色土壤改良剂，生物质炭在土壤重金属污染改良方面具有良好的前景。生物质炭对于重金属具有很强的吸附能力，并且被吸附的重金属不容易被解吸到土壤环境中。目前，生物炭钝化重金属的研究主要集中在生物质炭（不同来源、制备方法、改性）对重金属的吸附及机制、生物质炭修复重金属污染土壤的效果等方面。此外，更多研究者关注于不同钝化剂组合、钝化剂与肥料配施及钝化剂与农艺措施联合进行农田土壤重金属的化学修复。如高瑞丽等（2017）采用生物质-磷矿粉共热解产物对 Cu、Cd、Pb、Zn 复合污染土壤进行修复，研究结果发现，对 Cu、Pb 而言，生物质炭和磷矿粉共热解处理钝化效果显著优于生物质炭、磷矿粉、煅烧磷矿粉和生物质炭-磷矿粉共热解产物，分别使其弱酸可提取态含量下降 6.56%、1.95%；对 Cd 而言，生物质炭-磷矿粉机械粉碎的钝化效果最好，酸溶态可提取态含量下降 5.21%。生物质炭-磷矿粉机械粉碎或者共热解材料可作为良好的土壤钝化剂。

综上所述，化学钝化修复主要选择自然界中天然存在或改性后的矿物材料作为修复材料。化学修复材料不仅可以调整土壤化学属性和土壤 pH 值，增加土壤养分，还可通过吸附、固定等降低土壤重金属的生物有效性和生物可利用性。

（四）联合修复技术

为了恢复重金属污染农田土壤的生态功能，联合修复技术受到了许多研究者的特别关注。联合修复技术是利用土壤-微生物-植物的共存关系，充分发挥各种修复技术的优势，最大程度地促进植物的生长吸收，从而提高植物修复的效率。有研究者认为真菌和十字花科联合修复重金属污染土壤具有广阔的应用前景。然而，微生物-植物联合修复中最常见的是重金属污染土壤普遍缺乏营养物质，不能维持细菌快速生长。生物质炭作为土壤改良剂不仅可以吸附重金属，还可以作为微生物制剂潜在载体。因此生物质炭-细菌-植物联合可为重金属污染治理提供一种有前景的绿色途径。

三、农田重金属污染修复案例

（一）某区耕地安全利用修复目标

要求项目实施区措施到位率达到 100%；受污染耕地安全利用率＞93% 以上；水稻糙米（镉、汞、砷、铅、铬）综合达标率达到 93% 以上；作物产量减产率低于 10%；使用的投入品对土壤不会产生二次污染。

（二）修复技术

1. 土壤调酸

土壤酸化伴随着土壤肥力退化，因此，调节土壤酸度必须与土壤肥力提升同步进行。在酸性土壤中（pH 值＜5.5）施用石灰等碱性物质，提高土壤 pH 值，降低镉的生物有效性。主要的调酸物质包括：生石灰（CaO），调控土壤酸性能力很强，可在短期内见效；熟石灰 [$Ca(OH)_2$]，调控土壤酸性能力也很强，用量比生石灰要多；碳酸石灰（$CaCO_3$），溶解度小，调控土壤酸性的能力较缓和而持久，用量比熟石灰要多；其他碱性物质，如土壤调理剂、有机肥料等。生石灰用量见表 14-2。

表 14-2　建议生石灰用量

pH 值	生石灰用量/（kg/亩）
5.5~6.5	100~200
5.0~5.5	200~300
＜5.0	300~500

（1）石灰实施方法。施用石灰等碱性材料时，可采用人工或机械化的方式，且至少在水稻移栽或直播前 15 天，避免苗期施用导致烧苗，通过整地翻耕一次性撒施，撒施频率为 1 次/年；待土壤 pH 值达到 6.5 后，暂缓施用，加强后续监测。

（2）施用石灰注意事项。①不同地区研究结果不同，最科学施用量是在本地区进行小试研究，结合当地施用试验结果施用；其他碱性物质可以根据南京农业大学推出的酸性稻田土壤改良石灰用量计算。②施用过程中注意防护，避免灼烧眼睛和皮肤。石灰等碱性材料不能与肥料同施，间隔应在 7 天以上。③在砷超标的土壤不适用，可采用吸附型调理剂。石灰多年连续过量施用，容易造成土壤板结，因此，每年要对调酸后的土壤 pH 值进行监测，并根据最新的土壤 pH 值动态调整下一年调酸物质用量。④长期、大量施用石灰会导致土壤板结和养分不平衡。如会导致土壤镁（Mg）、钾（K）缺乏以及磷（P）有效性下降。可将石灰等碱性无机改良剂与生物质炭、秸秆、有机肥（如竹炭有机肥料 100~120 kg/亩）等改良剂配合施用，可以提高土壤肥力，解决这一问题。

2. 水分调控技术

酸性土壤在淹水条件下呈还原状态，pH 值升高，镉易形成硫化物沉淀，活性降低；因此可通过调控水分来调节土壤pH值，但必须确保灌溉水达标［《农田灌溉水质标准》（GB 5084—2021）］。水分调控需要注意的是：关键期水分调控措施不适用于砷污染、汞污染稻田；日常巡察时应加强水稻病虫害的观察与防治。

3. 微肥阻控技术

叶面喷施硅、锌、硒、铁、硼元等微量元素可提高作物抗性并抑制镉向可食部位转移。该方法适用于镉污染的稻田，特别是有效硅、有效锌缺乏的镉污染稻田。在选择微量元素产品种类时，应根据土壤中Si、Zn、Fe、B等有效态的丰缺度合理选择施用量和施用方法（表14-3）。施用时期主要为水稻的分蘖期、孕穗期和抽穗期。

表14-3　微肥调控适用条件　　　　　　（单位：mg/kg）

元素	有效态含量（极低）	施用方法及用量/（kg/亩）	有效态含量（低）	施用方法及用量/（g/亩）
Zn	＜0.30	根施，3.0~4.5	0.31~0.50	叶面喷施，100~300
Si	＜200	根施，15~20	200~300	叶面喷施，150~300
Fe	＜2.50	根施，3.0~4.5	2.50~4.50	叶面喷施，100~300
B（水溶性）	＜0.25	根施，1.5~2	0.25~0.50	叶面喷施，150~200

4. 吸附、络合、钝化技术

在土壤中施用钝化剂，如利用硅酸类矿物、沸石、硅藻土、蛭石、海泡石、牡蛎壳、生物质炭、泥炭、微生物菌剂等材料加工的土壤调理剂/改良剂，或碳基肥、竹炭肥等，可以降低土壤中镉的活性。该方法适用于所有耕地土壤。施用量根据土壤污染程度及产品说明书确定，通常土壤调理剂全年用量一般在200 kg/亩左右。施用方法基本可以参照土壤调酸措施。该方法需要注意的是土壤调理剂必须获得农业农村部颁布的《肥料登记证》。针对砷污染稻田可用吸附类调理剂。

5. 土壤深翻技术

该技术适用于旱地土壤，对水田土壤应根据耕作层厚度进行，切记不要破坏犁底层。

6. 旱地选用镉低积累作物品种

不同作物种类或同一种作物的不同品种对重金属的积累有较大的差异。当前在实践中已筛选出多种重金属低积累作物品种，如镉低积累的水稻、玉米、菜心、苋菜、小白菜、芥菜、番茄、豇豆等。但需要注意的是每个物种只能在其适宜种植区推广。

总之，对于 pH 值低于 6.5 的土壤，建议优先选择土壤调酸作为基础措施，对于 pH 值高于 6.5 的土壤，建议优先选择土壤调理剂钝化作为基础措施。在此基础上，视情况配套采取水分调控、低积累品种和微肥调控措施。有条件的地区建议开展水稻-油菜轮作，并将秸秆离田处理，逐步减少土壤中重金属含量。

(三) 项目实施有关问题

1. 监测样品的采集

(1) 土壤样品采集。在项目区，根据面积大小、土壤类型等确定采样单元，原则上平原区一般按 50~100 亩，丘陵区 30~80 亩定为一个采样单元。具体以资金情况决定，点位越多，越精确。每个采样单元取多点混合样，耕作层 0~20 cm（以实际耕作层厚度为准）。注意单一镉污染和复合污染区必须采样，每个村要有采样点。前一年有超标粮区需布置采样点。采样要求根据土壤样品采集方法设定。

(2) 稻谷采集。水稻蜡熟期，收获前 3~5 天采样，在项目区按照一定采样路线和"随机"多点混合的原则进行采样。每个采样区域选出 0.1~0.2 hm² 的采样单元，在采样单元内，按梅花形或"S"形方法，选取 5 个以上的采样点，每个采样点间距在 5 m 以上，采样点距田硬、水沟等应在 2 m 以上。

(3) 投入品采集。

袋装物品 采样点数（袋数）确定：1~10 袋数，每袋均取样，组成一个混合样品送检；样品数在 11~49，取样 11 袋，样品数在 50~64，取样 12 袋；样品数在 65~81，取样 13 袋；样品数在 81~101，取样 14 袋；样品数在 102~125，取样 15 袋；样品数在 126~151，取样 16 袋；样品数在 451~512，取样 24 袋；当样品数超过 512 袋时，采样袋数 $= 3 \times \sqrt[3]{N}$。

散装物品　取样点视物品多少而定，一般不少于 10 个采样点，组成一个混合样品送检。

瓶装液体物品　每批按照 5% 件数取样，但不应少于 3 件；摇匀取样，组成混合样品，每个样品不少于 500 mL。

（4）灌溉水采集。农田灌溉时采集水源 500 mL 左右送检，共取样 3 次，在每年 4 月、7 月、10 月。

2. 水稻测产

测产报告要规范，至少要选择 4 块田进行测产，其中 3 块为修复区田块，1 块为对照田。

（四）项目实施建议

选用 CaO（生石灰）作为碱性物料，每季施用量不宜超过 150 kg/亩，当计算用量超过 150 kg/亩时，建议分多季施用，翻耕时施用，施加后与耕作层土壤混匀，避免苗期施用导致烧苗；施加过程注意防护，避免灼烧眼睛和皮肤；在改良时间充足、石灰质材料满足的条件下，建议优先选用石灰石粉末、白云石等温和型碱性物料；当其他碱性物料计算用量超过 500 kg/亩，分 2 季施用；每隔 3~5 年，追踪土壤 pH 值变化，可根据土壤 pH 值变化追施少量石灰质材料；为防止土壤板结，建议与有机肥、秸秆配合施用。

四、重金属污染耕地安全利用治理的借鉴与启示

（1）针对农田重金属污染问题，一方面要高度重视土壤保护、积极开展有效防治工作；另一方面也不必谈"污"色变，夸大我国土壤重金属污染范围、程度和危害。

（2）土壤重金属污染治理任重道远。土壤曾经作为污染物的消纳场所，然而土壤的自净能力和环境负载容量是有限的，各种来源的重金属一旦进入土壤，除少部分可通过植物吸收和水循环移出外，其在土壤中的滞留时间极长。土壤是宝贵的资源，一旦遭到重金属污染，往往需要花费巨大的代价才能将污染降到可接受的水平，而且根据现有的技术水平很难完全避免在修复治理过程中产生二次污染等负面影响。土壤修复技术研究虽已开展多年，但达到现场大规模应用和商业化推广的成套技术不多，因此这项

任务艰巨却又意义重大，关乎国计民生。

（3）目前的各种物理修复、化学修复和生物修复方法虽然不少，但能同时有效修复多种重金属污染土壤的方法不足，而污染区尤其是矿山开发导致的污染往往是多种重金属元素的复合污染。目前农产品产地土壤重金属污染治理和修复面临的难点很多，存在经济成本高、时间长等问题。我国人口多，对粮食的需求量大，土地复种指数高，很难做到长时间休耕，如何边修复边应用也是面临的一大难点。

（4）重金属污染土壤修复治理难度大，但也是可防、可控的。我国近年来在一些重点地区开展的一些以农艺措施为主的土壤重金属污染综合治理试验示范，如农业农村部、财政部在湖南水稻 Cd 污染地区实施推行的污染控制技术模式，治理成效显著。

第十五章　农业生产中化学肥料减施增效调控案例

一、化肥施用现状及现存问题

（一）化肥施用总量和强度均偏高

1990—2016 年，我国农业化肥农药施用总量和施用强度持续增长。化肥施用总量由 1990 年的 2 590.3 万 t 增长到 2016 年的 5 984.1 万 t。化肥施用强度由 1990 年的 174.6 kg/hm² 增长到 2016 年的 359.1 kg/hm²，农业化肥施用总量和强度的变化特征大致可分为 3 个阶段。第一阶段为急速增长期（1990—1995 年），化肥施用总量急速增长，化肥施用总量增加超过 1 000 万 t，施用总量 5 年增幅达 39%，施用强度 5 年增幅达 37%。第二阶段为平稳发展期（1995—2010 年），化肥施用总量稳步增长，化肥施用总量 5 年增幅为 16%，施用强度 5 年增幅为 13%。第三阶段为逐步减缓期（2010—2016 年），化肥施用总量和强度均逐步放缓，化肥施用总量 5 年增幅降至 8%，施用强度 5 年增幅降为 5%。

（二）施用结构不合理

1990—2016 年，我国农业化肥施用结构发生了巨大变化，最显著的变化特征是氮"三重三轻"（重化肥、轻有机肥，重元素肥料、轻中微量元素肥料，重氮肥、磷肥，轻钾肥）问题突出，单元素肥施用总量占比逐渐减小，而复合肥施用总量占比逐渐增大。1990—2000 年，氮肥施用总量占比均超过磷肥、钾肥和复合肥总和，1990 年更是占据绝对优势（达 63%）；磷肥施用总量占比基本保持不变，钾肥以 5 年 2% 的速度增长，复合肥以 5 年 5% 的速度快速增长，氮肥则以 5 年 6% 的速度快速降低。2000—2015 年，

"三重三轻"（重化肥、轻有机肥，重元素肥料、轻中微量元素肥料，重氮肥、磷肥，轻钾肥）问题依然突出，氮肥施用总量占比以 5 年 5% 的速度降低，磷肥以 5 年 1% 的速度缓慢降低，钾肥以 5 年 1% 的速度缓慢增长，复合肥 5 年增速仍达 5%。2016 年，我国氮肥、磷肥、钾肥和复合肥的施用总量分别为 2 310.5 万 t、830.0 万 t、636.9 万 t、2 207.1 万 t，复合肥施用总量占比已升至 37%。

（三）施肥技术落后

相对于水肥管理等先进技术，我国现阶段化肥的施肥方式主要以手工撒施为主。撒施容易造成肥料的流失，特别是氨的挥发；撒施后灌水、浇灌会造成肥料的淋洗流失。虽然 2016 年开始，农民施肥量、施肥方式有所改善，肥料的种类、配比方式有一定程度好转，但距离合理、科学的施肥标准仍有一定差距。同时，由于小农户的分散经营，土地经营方式较为粗放，加之施肥过量、不合理的施肥方式与农业漫灌的灌溉方式之间三者交互作用，会加速化肥流失，加剧农业面源污染。

（四）施肥方法不科学

以测土配方施肥技术为例，研究发现农户化肥实际施用量并没有随着测土配方的推广而减少。农户是否采用配方肥主要受技术推广措施的影响，但其是否进行科学施肥主要受劳动力因素的约束。农户仅重视对底肥的施用，而缺少对土地的追肥，在对土地进行追肥的农户中，多采用传统的条施方法，而条施掩埋施肥方式容易造成化肥的挥发，不可避免的降低了化肥利用率。

二、化肥减量增效

一是"精"，精准施肥减量增效。夯实施肥情况调查、营养诊断、田间试验等测土配方施肥基础，精准制定发布肥料配方信息，提高配方肥、专用肥施用比例，减少不合理养分投入。

二是"调"，调优结构减量增效。加大绿色技术和投入品的研发推广力度，优化氮、磷、钾配比，调整养分形态配合，促进高效吸收。针对性补施中量和微量元素，减轻缺素症状。引导肥料产品优化升级，大力推广新型功能性、增效肥料。

三是"改",改进方式减量增效。改进传统的表施、撒施、大水冲施等施肥方式,研发先进适用的施肥设备,推广应用种肥同播机、侧深施肥机等高效施肥机械,配套缓控释肥料和专用肥料,转变传统施肥方式,减少化肥用量。

四是"替",多元替代减量增效。合理利用有机养分资源,推进增施有机肥、种植绿肥、秸秆还田、生物固氮等多元替代化肥方式,推动有机无机结合。通过耕层调控、微生物活化等技术,激发土壤养分有效性,替代化肥投入。

五是"管",科学监管减量增效。健全覆盖肥料生产、使用、监管全链条的制度标准体系,建立健全主要农作物氮肥施用定额,推行施肥定额制、台账制管理,分区域、分作物、分农时制定科学施肥指导意见,引导农民把施肥量控制在合理区间。

三、生产中化学肥料减施增效调控案例

案例一:水稻生产中的化肥减量案例

【背景】武宁县绿色种养循环农业试点设置小区试验,确定有机肥替代化肥的比例和技术效果,建立健全以"高产、优质、经济、环保"为导向的现代科学施肥技术体系,进一步减少农用化肥施用总量,进一步提高有机肥资源还田量,探索最优有机肥替代化肥的比例,对农业耕地肥力效果进行跟踪监测,做好项目实施前、后取土化验与质量等级评价工作,为科学评价项目实施效果提供依据。

【材料与方法】

1. 试验区概况

试验作物为中稻(韵两优 332),试验地点在江西省九江市武宁县渠梁,具体位置为东经 114.884°E,北纬 29.208°N。试验时间为 2022 年 5—9 月,5 月 20 号移栽,9 月 8 号收获测产。

2. 试验处理

试验共设 5 个处理:①空白对照(T1);②常规施肥(T2);③化肥优化施肥(T3);④氮替代-M 替代 15%氮(T4);⑤氮替代-M 替代 30%氮(T5)。

每个处理重复 3 次，小区面积为 20 m²。供试肥料为有机肥（N 1.08%，P₂O₅ 1.96%，K₂O 1.02%，有机质 40.04%）、尿素（N 46%）、过磷酸钙（P₂O₅ 12%）、氯化钾（K₂O 60%）、复合肥（N 15%，P₂O₅ 15%，K₂O 15%）。

3. 检测指标及方法

在水稻种植期间，定期观察调查水稻苗情及长势，水稻成熟后每个处理按五点取样法取 5 株水稻，进行水稻测产并且测定糙米率、精米率以及稻米蛋白质含量和直链淀粉含量。

每个小区在中稻收获后，采用 5 点采样法，于根系周围 0~20 cm 耕层采集混合土壤样品，充分混匀后放置通风处自然风干，研磨过筛后用于土壤指标的测定（土壤 pH 值、速效磷、速效钾、有机质、全氮、碱解氮、阳离子交换量、全磷、全钾）。

【结果与分析】

1. 不同施肥处理水稻产量和品质的变化

（1）不同施肥处理水稻产量变化。有机肥替代化肥处理的水稻产量有明显的提升趋势（表 15-1）。与空白对照相比，常规施肥、优化施肥、有机肥替代 15% 氮肥和有机肥替代 30% 氮肥水稻产量分别增加了 8.2%、10.8%、14.2% 和 17.0%。与常规对照相比，优化施肥、氮替代-M 替代15% 氮和氮替代-M 替代 30% 氮水稻产量分别增加了 2.3%、5.5% 和 8.1%。

表 15-1　不同施肥处理对水稻产量及品质的影响　　　　　　（单位:%）

处理	产量/(kg/亩)	糙米率	精米率	蛋白质含量	直链淀粉含量
空白对照	411.3	79.8	65.8	9.3	11.5
常规施肥	445.2	80.7	66.0	9.7	11.2
优化施肥	455.7	81.1	66.1	9.5	13.2
氮替代-M 替代 15%氮	469.7	81.3	66.2	8.8	12.2
氮替代-M 替代 30%氮	481.4	81.2	65.3	9.9	14.2

（2）不同施肥处理水稻品质的影响。相较于空白对照处理，常规施肥、优化施肥、氮替代-M 替代 15% 氮和氮替代-M 替代 30% 氮处理的水稻糙米率分别提高 0.9%、1.3%、1.5%、1.4%；相较于常规施肥处理，优化施

肥、氮替代-M 替代 15%氮和氮替代-M 替代 30%氮处理的水稻糙米率分别提高 0.6%、0.8%、0.6%。

不同技术模式对水稻精米率影响较小。空白对照、常规施肥、优化施肥、氮替代-M 替代 15%氮和氮替代-M 替代 30%氮处理的水稻精米率均值相差较小，在 65.3%~66.2%。

相较于空白对照处理，其余 4 个处理的水稻蛋白质含量提高幅度在 -5.6%~6.8%，其中氮替代-M 替代 30%氮处理的提高幅度最高，为 6.8%。相较于常规施肥处理，氮替代-M 替代 15%氮处理的水稻蛋白质含量降低了 9.5%左右；氮替代-M 替代 30%氮处理使水稻蛋白质含量提高了 2.4%。

相较于空白对照处理，常规施肥、优化施肥、氮替代-M 替代 15%氮和氮替代-M 替代 30%氮处理的水稻直链淀粉含量分别提高了 -2.5%、14.6%、6.4%、23.3%；相较于常规施肥处理，优化施肥、氮替代-M 替代 15%氮和氮替代-M 替代 30%氮处理的水稻直链淀粉含量分别提高了 17.7%、9.3%、26.6%。

2. 不同施肥处理土壤性质的变化（表 15-2）

（1）不同施肥处理土壤 pH 值变化。空白对照、常规施肥、优化施肥、氮替代-M 替代 15%氮和氮替代-M 替代 30%氮处理的平均 pH 值分别为 5.3、5.4、5.3、5.4、5.7。与空白对照相比，常规施肥、氮替代-M 替代 15%氮和氮替代-M 替代 30%氮处理的土壤 pH 值分别提高了 0.1、0.1、0.4 个单位。与常规对照相比，氮替代-M 替代 30%氮土壤 pH 值提高了 0.3 个单位。

（2）不同施肥处理土壤有机质含量变化。空白对照、常规施肥、优化施肥、氮替代-M 替代 15%氮和氮替代-M 替代 30%氮处理的平均有机质含量分别为 26.0 g/kg、27.0 g/kg、27.1 g/kg、26.6 g/kg、28.5 g/kg。与空白对照相比，常规施肥、优化施肥、氮替代-M 替代 15%氮和氮替代-M 替代 30%氮处理土壤有机质分别提高了 4.0%、4.4%、2.5%和 9.4%。与常规对照相比，氮替代-M 替代 30%氮土壤有机质提高了 5.4%。

（3）不同施肥处理土壤阳离子交换量变化。空白对照、常规施肥、优化施肥、氮替代-M 替代 15%氮和氮替代-M 替代 30%氮处理的平均阳离子交换量分别为 13.3 cmol（+）/kg、14.8 cmol（+）/kg、14.5 cmol（+）/kg、

16.2 cmol(+)/kg、18.0 cmol(+)/kg。与空白对照相比，常规施肥、优化施肥、氮替代-M 替代 15%氮和氮替代-M 替代 30%氮处理土壤阳离子交换量分别提高了 11.3%、9.3%、21.6%、35.0%。与常规对照相比，氮替代-M 替代 15%氮和氮替代-M 替代 30%氮处理土壤阳离子交换量分别提高了 9.2%、21.3%。

表 15-2   不同施肥处理对水稻土土壤性质的影响

处理	pH 值	有机质/(g/kg)	阳离子交换量/[cmol(+)/kg]	全氮/%	全磷/%	全钾/%	碱解氮/(mg/kg)	速效磷/(mg/kg)	速效钾/(mg/kg)
空白对照	5.3	26.0	13.3	0.14	0.068	1.33	128.8	28.9	47.3
常规施肥	5.4	27.0	14.8	0.16	0.074	1.52	134.8	29.1	48.3
优化施肥	5.3	27.1	14.5	0.16	0.076	1.57	138.3	29.4	44.3
氮替代-M 替代 15%氮	5.4	26.6	16.2	0.16	0.074	1.64	148.9	36.0	52.0
氮替代-M 替代 30%氮	5.7	28.5	18.0	0.17	0.072	1.69	157.0	35.3	63.7

（4）不同施肥处理对水稻土土壤全氮、全磷、全钾的影响。与空白对照相比，常规施肥、优化施肥、氮替代-M 替代 15%氮和氮替代-M 替代 30%氮处理土壤全氮含量分别提高了 13.61%、14.88%、16.18%、21.93%。与常规对照相比，氮替代-M 替代 15%氮和氮替代-M 替代 30%氮土壤全氮含量分别提高了 1.66%、6.69%。

空白对照、常规施肥、优化施肥、氮替代-M 替代 15%氮和氮替代-M 替代 30% 氮处理的平均全磷含量分别为 0.068%、0.074%、0.076%、0.074%、0.072%。与空白对照相比，常规施肥、优化施肥、氮替代-M 替代 15%氮和氮替代-M 替代 30%氮处理土壤全磷含量分别提高了 8.6%、11.0%、8.8%、5.4%。

与空白对照相比，常规施肥、优化施肥、氮替代-M 替代 15%氮和氮替代-M 替代 30%氮处理土壤全钾含量分别提高了 14.4%、18.0%、23.2%、27.0%。与常规对照相比，氮替代-M 替代 15%氮、氮替代-M 替代 30%氮处理使土壤全钾含量分别提高了 7.8%、11.1%。

（5）不同施肥处理对水稻土有效养分的影响。与空白对照相比，常规施肥、优化施肥、氮替代-M替代15%氮和氮替代-M替代30%氮处理土壤碱解氮含量分别提高了4.7%、7.4%、15.6%、21.9%。与常规对照相比，氮替代-M替代15%氮和氮替代-M替代30%氮处理土壤碱解氮含量分别提高了10.5%、16.4%。

与空白对照相比，常规施肥、优化施肥、氮替代-M替代15%氮和氮替代-M替代30%氮处理土壤有效磷含量分别提高了0.8%、1.9%、24.4%、22.2%。与常规对照相比，氮替代-M替代15%氮和氮替代-M替代30%氮处理土壤速效磷含量分别提高了23.5%、21.4%。

与空白对照相比，氮替代-M替代15%氮、氮替代-M替代30%氮处理土壤速效钾含量分别提高了9.9%、34.6%。与常规对照相比，氮替代-M替代15%氮、有机肥替代30%氮处理土壤速效钾含量分别提高7.7%、31.8%。

【项目总结】氮替代-M替代30%氮处理土壤pH值、有机质、全磷、全钾、碱解氮、速效钾和阳离子交换量含量最高。

对于水稻产量与品质来说，氮替代-M替代30%氮处理对水稻产量及品质的提高效果较好。

【结论】由此可见，有机肥替代有利于土壤酸化的改良、土壤养分的提升和水稻品质的提升。

（1）有机肥替代化肥改善土壤酸度。有机肥中含有大量碱性物质和各种有机官能团，碱性物质可以中和土壤的活性酸和潜酸，生成氢氧化物沉淀。有机官能团能够络合铝离子，消除铝毒，迅速有效地降低酸性土壤的酸度。

（2）有机肥替代化肥提高土壤有机质和养分含量。有机肥中含有大量有机养分，通过矿化过程缓慢释放各种养分，能够增加土壤肥力，培肥土壤。

（3）有机肥替代化肥提高水稻产量和品质。有机肥能够改善土壤环境、提高肥料利用率、促进水稻生长，同时降低稻米直链淀粉含量。

案例二：茶叶生产中化学肥料减施增效调控案例

【背景】为开展有机肥替代化肥行动，探索"果沼畜""菜沼畜""茶沼畜"和畜禽粪便综合利用、种养循环的多种技术模式，形成一批可复制、可推广的经验和典型，万载县在赤兴乡花桥村下包家山茶园开展"茶-沼-畜""有机肥+水肥一体化处理""有机肥+机械深施""自然生草+间种绿肥+配方肥""有机肥+配方肥"模式应用示范，以推进资源循环利用。

【材料与方法】

1. 试验处理

①常规施肥模式（农户施肥模式）；②优化施肥（最高产量的施肥模式）；③"堆肥+沼液替代全氮 15%"模式；④"堆肥+沼液替代全氮 30%"模式；⑤"堆肥+沼液替代全磷 30%"模式；⑥"堆肥+沼液替代全磷 60%"模式。

化肥减施量："茶-沼-畜"技术模式化肥减施量如表 15-3 所示。相比常规施肥，"堆肥+沼液替全氮 15%"处理减施化肥养分共计 3.04 kg/亩，减施率为 9%，每亩折合可减施尿素 5.18 kg，钙镁磷肥 0.19 kg，钾肥 1.24 kg，折合复合肥可减施 5.64 kg；"堆肥+沼液替全氮 30%"处理减施化肥养分共计 5.89 kg/亩，减施率为 17%，每亩折合可减施尿素 10.37 kg，钙镁磷肥 0.33 kg，钾肥 2.11 kg，折合复合肥（18-18-18）可减施 10.91 kg；"堆肥+沼液替全磷 30%"处理减施化肥养分共计 11.80 kg/亩，减施率为 35%，每亩折合可减施尿素 13.91 kg，钙镁磷肥 5.87 kg，钾肥 5.87 kg，折合复合肥（18-18-18）可减施 21.85 kg；"堆肥+沼液替全磷 60%"处理减施化肥养分共计 21 kg/亩，减施率为 62%，每亩折合可减施尿素 22.17 kg，钙镁磷肥 11.74 kg，钾肥 11.74 kg，折合复合肥（18-18-18）可减施 38.89 kg。

2. 试验地点

试验区位于万载县赤兴乡花桥村下包家山，地理坐标为 28°24′N，114°20′E，属亚热带湿润气候，雨量充沛，四季分明，日照充足，日夜温差较大，气候宜人；年平均气温 16 ℃。1 月平均气温 4 ℃，7 月平均气温 28 ℃，年降水量 1 800 mm，全年无霜期约 246 天，常年主导风向为东北风，夏季主导风向为东南风。试验种植品种为崂山绿茶。

3. 试验方法

（1）茶叶检测指标及方法。根据当地 1 芽 2 叶的采摘要求，每次采摘保留约 10 g 的茶叶在 105 ℃进行杀青，然后 75 ℃烘干至恒重，放入自封袋中留作备用。待采摘季节过后，将每次烘干的茶叶混匀、粉碎、过筛，用于茶叶品质指标的测定。所有茶叶样品均按照国家的标准方法进行检测。

（2）土壤样品取样方法。采用 5 点采样法，于 2022 年 6 月 23 日采集 0~25 cm 土层的土壤，每个处理约取土壤 2 kg，去除杂质和根系，烘干过筛后用于土壤理化性质测定。

（3）分析评价。以土壤主要养分变化和茶叶品质作为主要评价指标，跟踪示范效果，开展效果评价。调查了解项目实施后土壤养分（有机质、全氮、全钾、全钾、全磷、速效磷、速效钾、缓效钾）、理化性状（pH 值、容重、阳离子交换量）、茶叶品质（茶多酚、氨基酸、全氮、全磷、全钾）等的变化情况。

表 15-3 "茶-沼-畜"技术模式各处理化肥减施量　（单位：kg/亩）

处理	施肥						
	原化肥养分总量	现化肥养分用量	化肥养分总减施量	化肥氮减施量	化肥磷减施量	化肥钾减施量	复合肥减施量
堆肥+沼液替全氮 15%	33.90	30.86	3.04	2.39	0.09	0.57	5.64
堆肥+沼液替全氮 30%	33.90	28.01	5.89	4.77	0.15	0.97	10.91
堆肥+沼液替全磷 30%	33.90	22.10	11.80	6.40	2.70	2.70	21.85
堆肥+沼液替全磷 60%	33.90	12.90	21.00	10.20	5.40	5.40	38.89

注：尿素含 N 量 46%，钙镁磷肥含 P_2O_5 量 15%，钾肥含 K_2O 量 55%，复合肥养分含量 N-P_2O_5-K_2O：18%-18%-18%。

【结果与分析】

1. 茶-沼-畜试验区茶园茶叶品质状况

（1）茶叶氨基酸总量。相比于常规施肥，优化施肥和"茶-沼-畜"模式的有机肥替代化肥处理的茶叶氨基酸总量有显著提高。单因素方差分析的结果表明，"堆肥+沼液替代化肥全氮 15%""堆肥+沼液替代化肥全氮 30%""堆肥+沼液替代化肥全磷 30%"和"堆肥+沼液替代化肥全磷

60%">优化施肥>常规施肥。与常规施肥相比，"堆肥+沼液替代化肥全氮 15%""堆肥+沼液替代化肥全氮 30%""堆肥+沼液替代化肥全磷 30%"和"堆肥+沼液替代化肥全磷 60%" 4 个处理能显著增加茶叶氨基酸总量 23.58%~38.53%（表 15-4）。

表 15-4 不同施肥处理对茶叶品质的影响 （单位：g/kg）

处理	氨基酸/%	茶多酚/%	全氮	全磷	全钾
常规	1.51	3.22	36.82	2.85	11.02
优化	1.87	27.09	34.35	4.61	14.87
堆肥+沼液替全氮 15%	2.06	31.73	49.45	4.76	17.39
堆肥+沼液替全氮 30%	2.09	31.73	51.02	5.01	16.02
堆肥+沼液替全磷 30%	2.07	35.99	49.66	4.34	14.60
堆肥+沼液替全磷 60%	2.02	28.64	49.32	5.15	16.14

（2）茶叶茶多酚含量。相比于常规施肥，优化施肥和"茶-沼-畜"模式的有机肥替代化肥处理的茶叶茶多酚含量有显著提高。单因素方差分析的结果表明，"堆肥+沼液替代化肥全磷 30%"> "堆肥+沼液替代化肥全氮 15%""堆肥+沼液替代化肥全氮 30%"> "堆肥+沼液替代化肥全磷 60%"优化处理>常规施肥。与常规施肥相比，优化施肥、"堆肥+沼液替代化肥全氮 15%""堆肥+沼液替代化肥全氮 30%""堆肥+沼液替代化肥全磷 30%"和"堆肥+沼液替代化肥全磷 60%" 5 个处理能显著增加茶叶茶多酚含量 16.67%~55.00%，其中"堆肥+沼液替代化肥全磷 30%"处理效果最好。

（3）茶叶全氮含量。相比于常规施肥，优化施肥和"茶-沼-畜"模式的有机肥替代化肥处理的茶叶全氮含量有显著提高。单因素方差分析的结果表明，"堆肥+沼液替代化肥全氮 15%""堆肥+沼液替代化肥全氮 30%""堆肥+沼液替代化肥全磷 30%"和"堆肥+沼液替代化肥全磷 60%"处理>优化施肥、常规施肥。与常规施肥相比，"堆肥+沼液替代化肥全氮 15%""堆肥+沼液替代化肥全氮 30%""堆肥+沼液替代化肥全磷 30%"和

"堆肥+沼液替代化肥全磷60%"4个处理能显著增加茶叶全氮含量33.93%~38.55%。

（4）茶叶全磷含量。相比于常规施肥，优化施肥和"茶-沼-畜"模式的有机肥替代化肥处理的茶叶全磷含量有显著提高。单因素方差分析的结果表明，优化施肥、"堆肥+沼液替代化肥全氮15%""堆肥+沼液替代化肥全氮30%""堆肥+沼液替代化肥全磷30%"和"堆肥+沼液替代化肥全磷60%"＞常规施肥。与常规施肥相比，优化施肥、"堆肥+沼液替代化肥全氮15%""堆肥+沼液替代化肥全氮30%""堆肥+沼液替代化肥全磷30%"和"堆肥+沼液替代化肥全磷60%"5个处理能显著增加茶叶全磷含量61.76%~80.70%。

（5）茶叶全钾含量。相比于常规施肥，优化施肥和"茶-沼-畜"模式的有机肥替代化肥处理的茶叶全钾含量有显著提高。单因素方差分析的结果表明，"堆肥+沼液替代化肥全氮15%""堆肥+沼液替代化肥全氮30%"和"堆肥+沼液替代化肥全磷60%"处理＞常规施肥，其中"堆肥+沼液替代化肥全磷30%"和优化施肥茶叶全钾含量大于常规施肥，但与其无显著性差异。与常规施肥相比，"堆肥+沼液替代化肥全氮15%""堆肥+沼液替代化肥全氮30%"和"堆肥+沼液替代化肥全磷60%"3个处理能显著增加茶叶全钾含量45.43%~57.58%。

2. 有机肥替代化肥试验区茶园土壤肥力状况

（1）土壤pH值。相比于常规施肥，优化施肥土壤pH值无明显变化，而"茶-沼-畜"模式的有机肥替代化肥处理的土壤pH值显著提高。单因素方差分析的结果表明，"堆肥+沼液替代化肥全氮15%""堆肥+沼液替代化肥全氮30%""堆肥+沼液替代化肥全磷30%"和"堆肥+沼液替代化肥全磷60%"处理＞常规施肥、优化施肥。常规施肥、优化施肥、"堆肥+沼液替代化肥全氮15%""堆肥+沼液替代化肥全氮30%""堆肥+沼液替代化肥全磷30%"和"堆肥+沼液替代化肥全磷60%"6个处理土壤pH值分别为5.22、5.12、6.16、6.12、6.03、6.00（图15-1）。与常规施肥相比，"堆肥+沼液替代化肥全氮15%""堆肥+沼液替代化肥全氮30%""堆肥+沼液替代化肥全磷30%"和"堆肥+沼液替代化肥全磷60%"4个处理土壤pH值显著提高了0.77~0.94个单位。

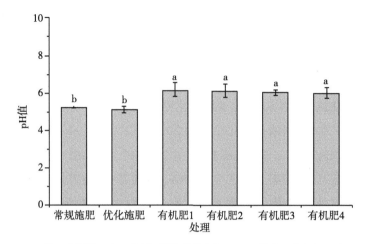

注：有机肥 1 为"堆肥+沼液替代全氮 15%"模式；有机肥 2 为
"堆肥+沼液替代全氮 30%"模式；有机肥 3 为"堆肥+沼液替代全磷
30%"模式；有机肥 4 为"堆肥+沼液替代全磷 60%"模式，后同。

图 15-1 "茶-沼-畜"模式对土壤 pH 值的影响

（2）土壤有机质含量。相比于常规施肥，优化施肥处理的土壤有机质
变化较小。单因素方差分析的结果表明，"堆肥+沼液替代化肥全磷 30%"
"堆肥+沼液替代化肥全氮 30%""堆肥+沼液替代化肥全磷 60%"和"堆
肥+沼液替代化肥全氮 15%"＞常规施肥、优化施肥。常规施肥、优化施
肥、"堆肥+沼液替代化肥全氮 15%""堆肥+沼液替代化肥全氮 30%""堆
肥+沼液替代化肥全磷 30%"和"堆肥+沼液替代化肥全磷 60%"6 个处理
土壤有机质含量分别为 21.30 g/kg、23.52 g/kg、28.57 g/kg、31.00 g/kg、
32.25 g/kg、33.03 g/kg（图 15-2）。与常规施肥相比，"堆肥+沼液替代化
肥全氮 15%""堆肥+沼液替代化肥全磷 30%"和"堆肥+沼液替代化肥全
磷 60%"3 个处理土壤有机质含量显著提高了 34.13%～55.06%。

（3）土壤全氮含量。相比于常规施肥，优化施肥和"茶-沼-畜"模式
的有机肥替代化肥处理的土壤全氮含量无明显变化。单因素方差分析的结
果表明，"堆肥+沼液替代化肥全氮 15%""堆肥+沼液替代化肥全氮 30%"
"堆肥+沼液替代化肥全磷 30%""堆肥+沼液替代化肥全磷 60%"、优化施
肥和常规施肥处理均无显著性差异。常规施肥、优化施肥、"堆肥+沼液替
代化肥全氮 15%""堆肥+沼液替代化肥全氮 30%""堆肥+沼液替代化肥全

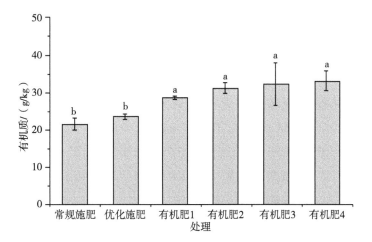

图 15-2　"茶-沼-畜"模式对土壤有机质含量的影响

磷 30%"和"堆肥+沼液替代化肥全磷 60%"6 个处理土壤全氮含量分别为
1.25 g/kg、1.33 g/kg、1.42 g/kg、1.52 g/kg、1.43 g/kg、1.58 g/kg（图
15-3）。

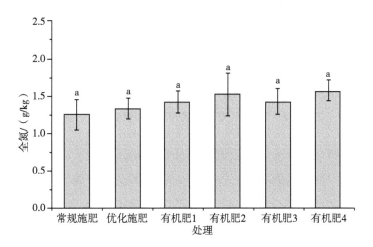

图 15-3　"茶-沼-畜"模式对土壤全氮含量的影响

（4）土壤碱解氮含量。相比于常规施肥，优化施肥土壤碱解氮含量没
有明显变化，而"茶-沼-畜"模式的有机肥替代化肥处理的土壤碱解氮含
量有显著增加。单因素方差分析的结果表明，"堆肥+沼液替代化肥全磷

60%">"堆肥+沼液替代化肥全氮15%""堆肥+沼液替代化肥全氮30%""堆肥+沼液替代化肥全磷30%">常规施肥、优化施肥处理。常规施肥、优化施肥、"堆肥+沼液替代化肥全氮15%""堆肥+沼液替代化肥全氮30%""堆肥+沼液替代化肥全磷30%"和"堆肥+沼液替代化肥全磷60%"6个处理土壤碱解氮含量分别为117.27 mg/kg、117.58 mg/kg、141.33 mg/kg、181.53 mg/kg、181.17 mg/kg、211.53 mg/kg（图15-4）。与常规施肥相比，"堆肥+沼液替代化肥全氮15%""堆肥+沼液替代化肥全氮30%""堆肥+沼液替代化肥全磷30%"和"堆肥+沼液替代化肥全磷60%"5个处理的土壤碱解氮含量显著增加了20.52%～54.80%。

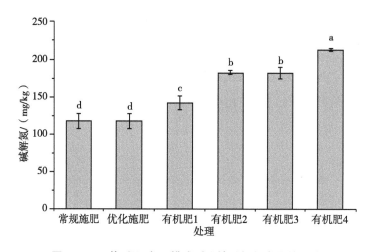

图15-4 "茶-沼-畜"模式对土壤碱解氮含量的影响

（5）土壤全磷含量。单因素方差分析的结果表明，相比于常规施肥，优化施肥和"堆肥+沼液替代全氮15%"模式土壤全磷含量无明显变化。"堆肥+沼液替代化肥全磷60%""堆肥+沼液替代化肥全氮30%">常规施肥和优化施肥；其中"堆肥+沼液替代化肥全磷30%"土壤全磷含量介于"堆肥+沼液替代化肥全磷60%"和"堆肥+沼液替代化肥全氮15%"之间但与二者均无显著性差异；"堆肥+沼液替代化肥全氮15%"土壤全磷含量介于优化施肥与"堆肥+沼液替代化肥全磷30%"之间但与二者均无显著性差异。常规施肥、优化施肥、"堆肥+沼液替代化肥全氮15%""堆肥+沼液替代化肥全氮30%""堆肥+沼液替代化肥全磷30%"和"堆肥+沼液替代化肥全磷 60%" 6 个处理土壤全磷含量分别为 0.84 g/kg、1.00 g/kg、1.13 g/kg、1.51 g/kg、1.33 g/kg、1.48 g/kg（图 15-5）。与常规施肥相比，"堆肥+沼液替代化肥全磷 60%""堆肥+沼液替代化肥全氮 30%""堆肥+沼液替代化肥全磷 30%" 3 个处理显著增加土壤全磷含量的 58.33%～79.76%。

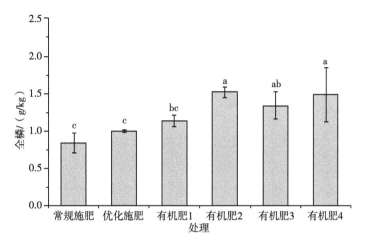

图 15-5　"茶-沼-畜"模式对土壤全磷含量的影响

（6）土壤有效磷含量。相比于常规施肥，"茶-沼-畜"模式的部分有机肥替代化肥处理的土壤有效磷含量显著提高。单因素方差分析的结果表明，"堆肥+沼液替代化肥全磷 60%" 处理＞"堆肥+沼液替代化肥全磷 30%""堆肥+沼液替代化肥全氮 15%""堆肥+沼液替代化肥全氮 30%"＞常规施肥、优化施肥。常规施肥、优化施肥、"堆肥+沼液替代化肥全氮 15%""堆肥+沼液替代化肥全氮 30%""堆肥+沼液替代化肥全磷 30%" 和 "堆肥+沼液替代化肥全磷 60%" 6 个处理土壤有效磷含量分别为 48.08 mg/kg、46.38 mg/kg、64.35 mg/kg、65.42 mg/kg、68.91 mg/kg、77.95 mg/kg（图 15-6）。与常规施肥相比，"堆肥+沼液替代化肥全磷 60%" 处理、"堆肥+沼液替代化肥全磷 30%""堆肥+沼液替代化肥全氮 15%""堆肥+沼液替代化肥全氮 30%" 4 个处理的土壤有效磷含量显著提高了 33.84%～62.12%，其中 "堆肥+沼液替代化肥全磷 60%" 处理效果最好。

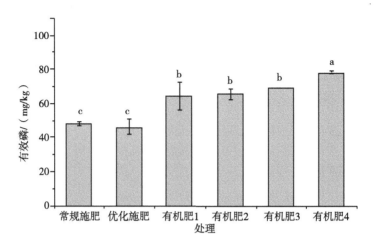

图 15-6 "茶-沼-畜" 模式对土壤有效磷含量的影响

（7）土壤全钾含量。相比于常规施肥，优化施肥和"茶-沼-畜"模式的有机肥替代化肥处理的土壤全钾无明显变化。单因素方差分析的结果表明，"堆肥+沼液替代化肥全氮 15%" "堆肥+沼液替代化肥全氮 30%" "堆肥+沼液替代化肥全磷 30%" "堆肥+沼液替代化肥全磷 60%" 处理、优化施肥和常规施肥均无显著性差异。常规施肥、优化施肥、"堆肥+沼液替代化肥全氮 15%" "堆肥+沼液替代化肥全氮 30%" "堆肥+沼液替代化肥全磷 30%" 和 "堆肥+沼液替代化肥全磷 60%" 6 个处理土壤全钾含量分别为 23.43 g/kg、23.58 g/kg、25.09 g/kg、24.69 g/kg、25.77 g/kg、26.79 g/kg（图 15-7）。

（8）土壤速效钾含量。常规施肥、优化施肥、"堆肥+沼液替代化肥全氮 15%" "堆肥+沼液替代化肥全氮 30%" "堆肥+沼液替代化肥全磷 30%" 和 "堆肥+沼液替代化肥全磷 60%" 6 个处理土壤速效钾含量分别为 304.70 mg/kg、311.34 mg/kg、331.72 mg/kg、342.70 mg/kg、340.35 mg/kg、458.79 mg/kg（图 15-8）。单因素方差分析表明，与常规施肥相比，"堆肥+沼液替代化肥全磷 60%" 处理能显著增加土壤速效钾含量 50.57%，其余处理无明显差异，因此 "堆肥+沼液替代化肥全磷 60%" 处理效果最好。

（9）土壤阳离子交换量。相比于常规施肥，优化施肥和"茶-沼-畜"

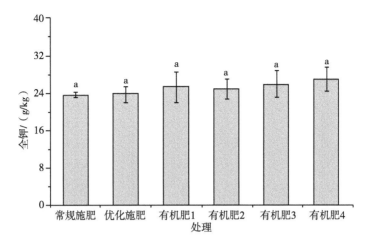

图15-7 "茶-沼-畜"模式对土壤全钾含量的影响

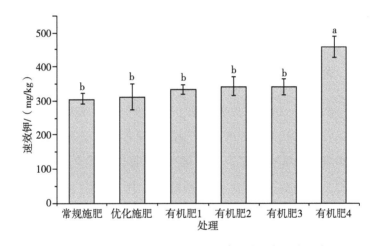

图15-8 "茶-沼-畜"模式对土壤速效钾含量的影响

模式的有机肥替代化肥处理的土壤阳离子交换量有显著提高。单因素方差分析的结果表明，"堆肥+沼液替代化肥全氮30%""堆肥+沼液替代化肥全磷30%""堆肥+沼液替代化肥全磷60%"＞"堆肥+沼液替代化肥全氮15%"、优化施肥＞常规施肥。常规施肥、优化施肥、"堆肥+沼液替代化肥全氮15%""堆肥+沼液替代化肥全氮30%""堆肥+沼液替代化肥全磷30%"和"堆肥+沼液替代化肥全磷60%"6个处理土壤阳离子交换量分别为 8.04 cmol（+）/kg、9.26 cmol（+）/kg、9.72 cmol（+）/kg、

11.77 cmol（+）/kg、10.99 cmol（+）/kg、11.47 cmol（+）/kg（图15-9）。与常规施肥相比，"堆肥+沼液替代化肥全氮30%""堆肥+沼液替代化肥全磷30%""堆肥+沼液替代化肥全磷60%""堆肥+沼液替代化肥全氮15%"、优化施肥5个处理能显著增加土壤阳离子交换量15.17%～46.43%。

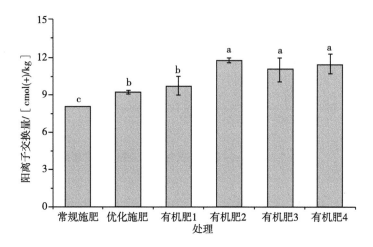

图 15-9　"茶-沼-畜"模式对土壤阳离子交换量的影响

（10）土壤容重。相比于常规施肥，优化施肥和"堆肥+沼液替代全氮15%""堆肥+沼液替代全磷60%"处理的土壤容重有显著降低。单因素方差分析的结果表明，常规施肥＞"堆肥+沼液替代化肥全磷30%""堆肥+沼液替代化肥全磷60%"处理、优化施肥，其中"堆肥+沼液替代化肥全氮15%""堆肥+沼液替代化肥全氮30%"与其他各个处理土壤容重均无显著性差异。常规施肥、优化施肥、"堆肥+沼液替代化肥全氮15%""堆肥+沼液替代化肥全氮30%""堆肥+沼液替代化肥全磷30%"和"堆肥+沼液替代化肥全磷60%"6个处理土壤容重分别为 1.73 g/cm³、1.57 g/cm³、1.65 g/cm³、1.67 g/cm³、1.60 g/cm³ 和 1.56 g/cm³（图15-10）。与常规施肥相比，优化施肥、"堆肥+沼液替代化肥全磷30%"和"堆肥+沼液替代化肥全磷60%"3个处理土壤容重显著降了7.54%～9.43%。

【总结】优化施肥和"茶-沼-畜"技术模式的应用实施，耕地土壤酸化程度有效缓解，有机质含量提高0.1%以上，茶叶品质稳步提升。优化施肥和"茶-沼-畜"模式能有效改良土壤。与常规施肥相比，部分优化施肥

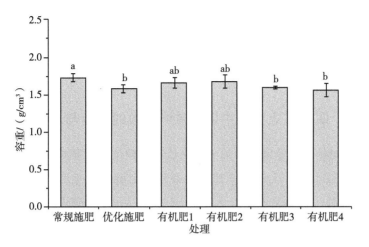

图 15-10　"茶-沼-畜"模式对土壤容重的影响

和"茶-沼-畜"技术模式下的土壤 pH 值提高了 0.77~0.94 个单位，土壤有机质含量显著提高了 34.13%~55.06%，土壤阳离子交换量显著增加了 15.17%~46.43%，土壤有效磷含量显著提高了 33.84%~62.12%，土壤全磷含量显著增加了 58.73%~80.15%，土壤速效钾含量增加了 50.57%；而土壤容重显著降了 7.54%~9.43%，土壤碱解氮含量显著增加了 20.52%~54.80%；此外，土壤全氮、全钾含量无显著变化。优化施肥和"茶-沼-畜"模式也能有效提高茶叶品质。与常规施肥相比，部分优化施肥和"茶-沼-畜"技术模式下的茶叶全氮含量显著增加了 33.93%~38.55%，茶叶全磷含量显著增加了 61.76%~80.76%，茶叶全钾含量显著增加了 45.43%~57.58%，茶叶茶多酚含量显著增加了 13.67%~56.44%，茶叶氨基酸总量显著增加了 23.58%~38.53%。

【结论】化学肥料减效增效调控有利于土壤酸化的改良、土壤养分的提升和茶叶品质的提升。

（1）"茶-沼-畜"技术模式改善土壤酸度，提高土壤养分。茶园"茶-沼-畜"技术模式通过"堆肥+沼液"替代化肥能减少化肥用量，缓解茶园土壤酸化。沼液中含有大量的有机质和营养物质，长期使用能够有效提高土壤有机质含量，使养分更均衡；且沼液代替化肥能够改良土壤结构，降低土壤容重，缓解了土壤板结，提高土壤保肥、保水性能。

（2）"茶-沼-畜"技术模式提高茶叶品质。有机肥替代化肥能够改善土壤环境、提高肥料利用率、促进茶树生长。沼液其中含有丰富的营养元素物质，合理浓度的沼液能够改善茶园土壤环境、培肥地力，提高农作物产量与品质。

四、农业生产中化肥减施增效的借鉴与启示

（一）对化肥减量增效的重大意义认识不到位，化肥减量意愿不强

农业经营主体　从农业经营主体来看，家庭收入主要以务工或经商为主，种植业收入只占其家庭收入的一小部分；分散经营农户中在家务农的群体年龄超过 60 岁的近八成，具有初中以上文化程度的务农群体不足 10%，他们对新知识技术接受缓慢，在具体生产过程中仍然按照自己的老经验施肥，普遍缺乏科学施肥意识。有的人甚至盲目认为"庄稼一枝花，全靠肥当家"，认为化肥用得越多，庄稼收成越好、耕地越肥。微观农户这种习惯性的化肥施用固定行为往往片面追求部分作物特别是蔬菜的产量和外观的光鲜亮丽，对农产品质量、农业面源污染重视不够。

化肥供给主体　从化肥供给主体来看，少数中小型化肥厂发展绿色生态新型肥料产品的动力不足，认为"科学配方不挣钱、挣钱配方不科学"，依然在大量生产传统老旧化肥产品，极个别不良商贩甚至生产假冒伪劣产品。

基层政府　从基层政府的角度看，化肥减量增效工作从理论上讲起来很重要，但在实际工作中，基层要应付的各类考核检查任务十分繁重，发展和安全稳定工作耗费了政府人员的绝大部分精力，化肥减量增效行动在大量紧迫、应急事项面前就显得"没那么重要"了，开展相关工作很大程度上是为了拍照留痕以对付上级检查。

（二）相关法律制度在操作层面上约束力有待提升

目前在化肥减量增效行动中，宣传示范推广为其主要方式。农业生产一家一户的现状，造成了施肥状况的多样化，部分村民完全按照自己的经验施肥，政府只能宣传引导，不能强制推广，更不能处罚。在农业执法层面对滥用化肥造成的后果缺乏处罚依据，"谁污染、谁治理"在农村化肥减量行动中缺乏可操作性。农业面源污染具有分散性、隐蔽性、随机性等特

征，在实际工作中不易监测、难以量化，且涉及的工作面广、量大、专业性强。由于乡镇具体负责的业务科室人员较少、专业人员更是匮乏，导致执法能力弱、执法力度不够，工作开展困难。

（三）我国化肥减量增效技术起步晚，与发达国家还有一定的差距

减量措施及推广重点的精准度不够，减量增效的推广存在技术瓶颈，缺少有效经济刺激，理论研究不够深入，标准化产业技术和综合评价标准体系有待完善，同时还没有形成完善的技术模式体系。

（四）有机肥投入不足

近年来，随着政府加大对绿肥种植、畜禽粪污资源化利用、增施商品有机肥的项目扶持，有机肥还田得到了一定程度的发展，但仍有很大不足。究其原因主要是商品有机肥价格高，不划算。种养主体分离，"种田的不养猪、养猪的不种田"，加之粪肥肥效低、见效慢、有异味、养分含量不稳定，与化肥肥效高且运输、储存、使用方便等特点形成对比，以及缺乏第三方服务组织，导致粪类有机肥还田比例很低。

第十六章　我国典型中低产田改良案例

一、中低产田及分布状况

中低产田是指土壤中存在一种或多种制约农业生产的障碍因素，导致单位面积产量相对低而不稳的耕地。我国中低产田比例占全国耕地面积2/3以上。据农业部《关于全国耕地质量等级情况的公报》统计，我国超七成耕地质量属于中低产田，面积达13.28亿亩，占我国耕地总面积的72.7%（表16-1）。其中，7.46亿亩分布在东北、内蒙古、黄淮海、黄土高原等北方地区，5.82亿亩分布在长江中下游、西南区、华南区等南方地区。由表16-1可知，中低产田面积较大的地区，北方为东北区和黄淮海地区，南方为长江中下游和西南区。

表16-1　我国不同区域的耕地质量面积

区域	高产田面积/亿亩	中产田面积/亿亩	低产田面积/亿亩	中低产田占比/%
东北区	1.44	1.68	0.22	56.89
内蒙古及长城沿线	0.14	0.47	0.72	89.47
黄淮海	1.18	1.67	0.61	65.90
甘新区	0.29	0.26	0.38	68.82
青藏区	0.00	0.02	0.11	96.92
黄土高原区	0.21	0.37	0.95	86.27
长江中下游	0.82	1.64	0.84	75.15
西南区	0.62	1.52	0.78	78.77
华南区	0.28	0.54	0.50	78.79
合计	4.98	8.17	5.11	72.71

注：数据来源：《关于全国耕地质量等级情况的公报》（农业部公报〔2014〕1号）。

二、中低产田成因界定及类型分布

(一) 中低产田成因

中低产田的成因较为复杂，一般可分为自然因素和人为因素两类。

自然因素包括地形、地貌、地质（母质）、水文、气候等各种自然条件。如山地丘陵区低洼地，由于地下水的汇集常成为冷烂田；页岩及其他泥质岩生成黏结田；砂岩类及其他沉积砂生成沉砂田；在降水量小，蒸发量很大地区，土壤盐分随地下水上升在表层聚积，成为盐化水稻土。

人为因素如连年淹水耕作，使土壤还原物质大量增加，结构破坏；多年过量施用化肥，有机肥施用量少，致使土壤结构遭到破坏，土壤板结，土壤酸化加剧；工厂矿山排出的废水、废渣污染农田，造成减产等。

在自然因素和人为因素综合作用下，形成低产田的障碍因素具体表现在以下几方面。

土壤物理性质方面 土壤质地砂粒或黏粒过多，土壤结构不良以致形成大块或土粒过于分散、耕层太深或太浅、土体排水、通气状态严重不良或漏水漏肥严重、土温太低等。

土壤化学性质方面 有酸性强或可溶性盐多、土壤中亚铁、亚锰、活性铝、硫化物及有机酸等危害，土壤被铅、铬、汞、砷等矿物或废水污染等。

障碍因素间的相互关系 各种障碍因素之间并非孤立存在，而是可以互相影响，一种因素可以派生另一种或几种因素。在排水不良的黏重土壤中，如果地下水位高和受泉水的影响，必然导致土温低，并因常年淹水或软糊泥层深厚，常有强烈的潜育化作用产生，又带来亚铁等危害。砂性土壤中常是通气透水性强，漏水漏肥严重，导致养分缺乏；在强酸性土壤中则因各种阳离子流失，而养分缺乏，留存的活性铝、铁多而造成危害；含硫量高又处在强还原状态下的土壤，则易产生硫化氢毒害。在碱性较强的钙质土壤中则易产生磷、铁、锌等缺乏症。

(二) 中低产田的界定

基于中低产田的成因及障碍因素，对于中低产田的界定可以从以下几个特征考虑：一是地理位置。中低产田大部分分布在低山丘陵的坡脚和冲积扇，沿河两岸的沙滩地（包括部分人造地）。二是剖面深度。一般在 25～40 cm。三是剖面结构不良且有障碍层。主要体现有夹砂砾层、砾底层、渍水层和过黏过砂层，保水、保肥能力差，物理性状不好。四是土壤耕层偏酸。在酸性岩和松树林下发育的土壤，加之长期施用化学肥料，pH 值在5.0～5.5，影响作物正常生长。五是适耕性差，作物产量低。豆类作物一般亩产在 100～150 kg，其他作物亩产也在 400 kg 以下。

（三）中低产田分类分布

根据土壤主导障碍因素及改良主攻方向把全国耕地土壤归并为 8 个中低产田类型，分布在全国 7 个耕地类型区（耕地类型区的划分见 NY/T 309—1996 中 4.1～4.7）。

干旱灌溉型 由于降水量不足或季节分配不合理，缺少必要的调蓄工程，以及地形、土壤原因造成的保水蓄水能力缺陷等原因，在作物生长季节不能满足正常水分需要，同时又具备水资源开发条件，可以通过发展灌溉加以改造的耕地。例如，北方可以发展为水浇地的旱地；南方可以开发水源，提高水源保证率，增强抗旱能力的稻田和旱地。其主导障碍因素为干旱缺水，以及与其相关的水资源开发潜力、开发工程量及现有田间工程配套情况等。

渍涝潜育型 由于季节性洪水泛滥及局部地形低洼、排水不良，以及土质黏重、耕作制度不当引起滞水潜育现象，需加以改造的水害性稻田。其主导障碍因素为土壤潜育化、渍涝程度和积水，以及与其相关的包括中地形小地形部位、田间工程配套情况等。

盐碱耕地型 由于耕地可溶性盐含量和碱化度超过限量，影响作物正常生长的多种盐碱化耕地。其主导障碍因素为土壤盐渍化以及与其相关的地形条件、地下水临界深度、含盐量、碱化度、pH 值等。

坡地梯改型 通过修筑梯田、梯埂等田间水土保持工程加以改良治理的坡耕地。其他不宜或不需修筑梯田、梯埂，只须通过耕作与生物措施治理或退耕还林还牧的缓坡、陡坡耕地，列入瘠薄培肥型与农业结构调整范围。坡地梯改型的主导障碍因素为土壤侵蚀以及与其相关的地形、地面坡度、土体厚度、土体构型与物质组成、耕作熟化层厚度等。

渍涝排水型　河湖水库沿岸、堤坝水渠外侧、天然汇水盆地等，因局部地势低洼，排水不畅，造成常年或季节性渍涝的旱耕地。其主导障碍因素为土壤渍涝及与其相关的地形条件、地面积水、地下水深度、土体构型、质地、排水系统的宣泄能力等。

沙化耕地型　西北部内陆沙漠，北方长城沿线干旱、半干旱地区，黄淮海平原黄河故道、老黄泛区沙化耕地（不包括局部小面积质地过沙的耕地）。其主导障碍因素为风蚀沙化，以及与其相关的地形起伏、水资源开发潜力、植被覆盖率、土体构型、引水放淤与引水灌溉条件等。

障碍层次型　土壤剖面构型上有严重缺陷的耕地，如土体过薄，剖面1 m左右内有沙漏、砾石、黏磐、铁子、铁磐、砂姜等障碍层次。障碍程度受障碍层物质组成、厚度、出现部位等因素影响。

瘠薄培肥型　受气候、地形等难以改变的大环境（干旱、无水源、高寒）影响，外加距离居民点远、施肥不足、土壤结构不良、养分含量低，产量低于当地高产农田，而当前又无见效快、大幅度提高产量的治本性措施（如发展灌溉），只能通过长期培肥加以逐步改良的耕地。如山地丘陵雨养型梯田、坡耕地和黄土高原，很多产量中等黄土型旱耕地。

矿毒污染型　这种类型也比较普遍，主要分布于煤矿、硫铁矿及其他有毒源矿区下游的土壤。这类土壤主要为潴育型水稻土的矿毒田。因受煤矿、硫铁矿及其他矿源排出的有毒水污染而形成的酸性硫酸盐水稻土。土壤在长期渍水还原条件下，产生硫化氢，导致水稻根腐而坐蔸。排水旱作时，硫化氢氧化生成硫酸盐和硫酸，使土壤强烈"反酸"。

三、中低产田改良的典型实例——江西红壤改良战

根据国家红壤改良工程技术研究中心（简称"国家红壤研究中心"）提供的数据显示，我国红壤区面积约占国土总面积的22.7%（黑土占13%，黄壤3%），是我国面积最大的土壤类型，红壤区内耕地面积约占全国耕地总面积的36%。其中，江西的红壤面积占江西省土壤总面积的比例高达70.7%，是全国红壤比重最大的省份，地貌类型齐全，是我国最具代表性的红壤地区。

红壤是带有"酸、瘦、黏、板、旱、蚀"症状的土壤。在江西，大约

2/3 的红壤水田都是中低产田，水稻产量较平原区高产田的产量低 30% 左右；而红壤旱地几乎全是中低产田。

江西从 20 世纪 50 年代开始就开展了红壤改良利用研究，来自全国科研院所、农业科技部门的专家汇聚于此。江西科研人员和中国科学院李庆逵博士带队的专家组在江西进行土壤考察，1951 年秋在原南昌新建县甘家山建立全国第一个红壤试验场，开展了一系列红壤资源开发利用等试验。经过多年的"摸爬滚打"，专家们慢慢了解了红壤。当地农民把红壤描述成"晴天一块铜，雨时一包脓"，这形象地说明了红壤酸化、贫瘠、耕作条件差等特点。1982 年，中国科学院南京土壤研究所以赵其国为负责人的红壤考察队与江西红壤研究所合作，对红壤集中分布的近 80 个县进行土壤调查，撰写了 73 万字的《江西红壤》专著，强调红壤利用要注重农林牧副渔的协调发展和山水田林路的整体布局。1985 年底，中国科学院决定在江西鹰潭建立一个长期综合的生态定位实验站（简称"鹰潭红壤站"）。

以鹰潭红壤站成立为契机，在 20 世纪 80 年代末至 90 年代初，赵其国、张桃林、何园球等国内知名土壤专家开始综合研究、系统"拯救红壤"。为尽可能多掌握红壤资料，土壤专家们坐着拖拉机找土样，几乎跑遍全国各地。在江西，研究小组在有红壤的山顶种树林，在山腰种果树，在地势低的地面上种庄稼，低洼处开塘养鱼，在池塘边上养猪，利用沼气液做肥料，使这些养分充分被土壤吸收，形成"顶林-腰果-底谷养殖"立体治理模式。利用这种方法治理 3 年后，当地水土流失从每年每公顷 7 000 t 减少到每年每公顷 100 t；到了治理后的第 10 年，这里的水土流失基本得到控制。这种治理方法使江西土壤经济效益提升了 50% 以上。

在水土流失基本治理之后，如何对症治理红壤内部的障碍因子"酸、瘦、板、蚀、旱"，这极其重要。

系统治理需要整体布局。2012 年 11 月，党的十八大把生态文明建设纳入党的纲领。江西红壤改良迎来了新契机。以国家批准、设在江西的国家红壤研究中心为依托，江西全面发力改良红壤。此后几年，江西省农业科学院、江西省农业农村厅红壤研究所等单位一直承担国家红壤生态有关的国家级项目，并从参与配合到主持主导，渐渐在国内同行业中赢得了应有的地位。江西省农业科学院科研人员通过长期定位试验研究发现，稻田种植紫云英,每亩可以减少20%～40%的化肥用量,水稻可增产5%～10%,而且明显提高了稻米品质。"十四五"国家重点研发计划"长江中下游红黄壤与中低产稻田产能提升技术模式与应用项目"首席科学家、华中农业大学谭文峰教授,从江西采样的肥田萝卜进行检验分析,验证肥田萝卜是目前最有效增强红壤肥力的绿肥。

"十三五"期间,在江西省农业科学院土壤肥料与资源环境研究所负责人、国家红壤研究中心常务副主任彭春瑞等带领研发的红壤改良、红壤保育等技术及物化产品在红壤区的赣、徽、湘、鄂、桂、闽、琼等地累计推广应用5 000余万 hm^2,新增社会经济效益近120亿元。

2023年4月,在中国科学院南京土壤研究所研究红壤治理近40年的资深专家、研究员李忠佩正带着大家研制调理剂,兴奋地说:"等大面积种植红薯时,一种新型、实用的调理剂就可以试用了。绿肥主要治'瘦',调理剂主要治'酸和板',5种主要病状治好3种,红壤更有救了。我们可以向生活在红壤区的近6亿人口交代,也可以告慰刚逝世的'红壤院士'赵其国老先生了。"

从长远发展来看,红壤区的作物生产潜力还没有得到充分发挥。"南方红壤的光温潜力非常大,达到北方的2～3倍,可生产能力只实现了50%～60%。"在李忠佩看来,红壤改良越改越到位,作物增产越明显。

近年来,高标准基本农田建设,为中低产田的改良升级提供了保障,也是国家实施"藏粮于地、藏粮于技"战略着落点。在农业大省江西,一些地区的中低产农田正在加紧建设中,昔日"小碎田""斗笠田"正在变成连片的"大田"。改造完之后可以大大提高农业生产力和效率。据了解,为了挖掘山区中低产田的潜力,江西省对丘陵山地的200万亩农田进行新的改造。截至2023年初,南昌市安义县、赣州市会昌县、吉安市永丰县等85个项目县建设进度在70%以上。

改良好红壤,不仅直接关系到红壤区近6亿人口能否养好、用好土地这个"命根子",而且事关能否端牢中国14亿人口的饭碗。"改良红壤,这是科学家的事,用不着我们瞎操心。"对于网友这样的评论,中国科学院南京土壤研究所副研究员刘明认为,改良红壤科技工作者要扛起责任,但绝不只是一群人的责任,它和我们每个人都息息相关,政府、社会、个人必须群策群力，才能打赢红壤攻坚战，才能更好地把饭碗牢牢端在自己手里。

要加快红壤改良技术的快速转化和落地，政府责无旁贷。刘明建议，科技、农业农村等部门要通过政策支持、金融资助等多渠道，支持绿肥、调理剂等改良成果在新型经营主体和小农户作物生产上的落地率。江西农业农村部门积极行动。2021年9月，江西省农业农村厅制定了《2021—2022年新增化肥减量增效示范县建设实施方案》，以鄱阳湖周边地区为重点，在12个县（市、区）开展化肥减量增效示范县建设，共建设化肥减量增效示范区14.79万亩。

"七十功名尘与土，不治红壤终不还。"无论是在长江下游的南京，还是在长江中游的武汉，抑或是在红壤治理最前沿的江西，一根"红壤改良"接力棒传承了70余年：李庆逵、赵其国、张桃林、孙波、谭文峰……上千名研究专家和技术骨干，几代人接力奋战在红壤改良的第一线，为红土地"藏粮于地"把脉支招。

从几代人的持续接力，到如今绿肥、调理剂的研发，在江西苦战智斗红壤的进程中，全国红壤改良看到了春天的生机。

四、中低产田改良利用的借鉴与启示

我国中低产田占耕地总面积的70%，中低产田蕴藏着巨大的增产潜力，一经改造治理，就可以大幅度提高单产，增加总产。不仅可以提高农民对中低产田耕种的积极性，也是改变农业生产面貌，粮食稳定增产的根本途径。因此，改造中低产田势在必行。根据上述的中低产田改造过程，给我们的借鉴与启示有以下几点。

（一）要有"咬定青山不放松"的精神

红壤区土壤具有"酸、瘦、黏、板、旱、蚀"的特点，但它养活了红壤区近6亿人口。据调查，我国现有耕地中，中低产田占耕地总面积的70%。耕地退化面积占耕地总面积的40%以上，东北黑土层变薄，南方土壤酸化，华北平原耕层变浅，西北地区耕地盐渍化、沙化问题突出；全国耕地土壤点位污染超标率达到19.4%，南方地表水富营养化和北方地下水硝酸盐污染也很突出，西北等地农膜残留较多；土壤有机质含量下降，特别是一些补充耕地质量等级较低等问题，都严重影响了耕地的产出，这就更加大了中低产田改良利用的难度和必要性。

多年来，各地对中低产田的改造积累了丰富的经验，但中低产田的治理与改造永远在路上，没有停歇的余地。革命尚未成功，同志仍需努力，老一辈土壤学专家的"七十功名尘与土，不治红壤终不还"执着的精神对我们仍具有重要的现实意义。

（二）加大资金与项目支持

中低产田占耕地总面积的 70%，耕地退化面积超四成。虽然在治理和改造中低产田过程中积累了丰富经验，但耕地退化的影响因素复杂，退化现象仍不断地发生，致使治理和改造过程增加了不确定性，难以在一朝一夕就能改造完成。对于新情况的不断涌现，需要农学、地质、水文和土壤学等方面的专家，在摸清中低产田症结所在的基础上，通过反复试验，找到科学有效的治理和改造办法和措施，再进行试点与示范，最后全国推广。这样可以提高中低产田治理与改造的针对性和时效性，当然需要持续的资金与项目的支持。

与此同时，地力提升也需加大投入。提升地力是增加粮食产量，保证国家粮食安全的重要物质基础。近年来，农业生产保持高投入、高产出模式，耕地长期高强度、超负荷利用，耕地质量呈现出"三大""三低"态势。徐明岗研究员告诉记者，"三大"是中低产田比例大、耕地质量退化面积大、污染耕地面积大，"三低"是有机质含量低、补充耕地等级低、基础地力低。整体看，我国农田基础地力贡献率平均约为 50%，比欧美发达国家低约 20 个百分点。地力对粮食生产的贡献不可忽视，提升地力也是一项艰巨的任务。

（三）各级政府科学决策和扶持

中低产田越多的地方，农业生产力和效益相对越薄弱，靠地方和农户本身去治理和改造，并不符合我国走共同富裕的中国式现代化道路的要求。好在我国对"三农"非常重视，每年的中央一号文件都是关于"三农"问题，从农业大国的国情来说，对"三农"问题必须重视。强国必须强农，农强方能国强。"食为政先，农为邦本"，中央推出的"土地休耕制""化肥减量增效行动方案""'一斤石灰一斤粮'增产行动""高标准基本农田建设""乡村振兴战略"等一系列利好的方针政策不断落地，不断提高土壤生产力和效益，"藏粮于地，藏粮于技"确实为国家粮食安全提供了保障。无粮不稳，民以食为天，粮食安全是"国之大者"。我国老百姓历来都有"仓廪实而知礼节"，这也有利于社会进一步和谐稳定发展和平安中国建设。

（四）农业专家及农业从业者持续奋斗

一个浩大的中低产田的治理和改造工程，从来都不是靠几个专家和几代人就能完成的，需要农业从业人员共同持续奋斗。江西红壤区虽然经过了几十年的治理和改造，在一代代土壤人和当地农业从业人员的共同努力下，取得了长足的进步和丰硕的成果，但仍存在较多问题，或者又出现了新的情况，治理和改造中低产田就像逆水行舟，不进则退。它和我们每个人都息息相关，政府、社会、个人必须群策群力，才能打赢中低产田治理和改造攻坚战，才能更好地把饭碗牢牢端在自己手里。

农业专家队伍需要前赴后继，代代永相传。党的二十大报告提出："加快建设农业强国，扎实推动乡村产业、人才、文化、生态、组织振兴。"使命呼唤责任担当，奋斗成就多彩未来。作为农业资源与环境有关专业培养的人才，在实施"乡村振兴"战略中，可以在乡村振兴战略的产业振兴、人才振兴和生态振兴等方面有所为。下到基层，躬身践农，不仅要身在基层，更要心在基层，坚定强农信念，锤炼过硬本领，练就挺膺担当，让正青春与强农梦"撞个满怀"，去实现自己的抱负，为农业现代化强国建设贡献自己的力量。

（五）中低产田治理与改造，确实增加土壤生产力和效益

"藏粮于田""藏富于田"，这是云南中低产田地改造至今的一个深刻的启示。中低产田地改造以建设"管成网、田成方、路相连、渠相通、旱能灌、涝能排、田园化、生态化"的高标准现代农业基础设施为目标，注重山区半山区这个改造重点，注重建设质量和培肥地力，注重建管结合和产业培育，最大限度地发挥中低产田地改造的效益，让人民群众在中低产田地改造中得到了真正的实惠。农民告别了"靠天吃饭"的情境，每亩坡耕地实施中低产田地改造，可以多产粮食 50~100 kg，农民可以增收 100~200元。2 000 万亩中低产田地全部改造完成后，意味着至少会增加 10 亿 kg 粮食、农民至少可以增收 100 亿元，有利于提高农民的收益，这将极大地促进农民种粮的积极性。

第十七章　土壤退化及典型退化类型防治案例

一、土壤退化的概念、现状及态势

（一）土壤退化的概念

土壤退化问题早已引起世界各国科学家的关注，但土壤（地）退化的定义，不同学者给出了不同的叙述。一般的看法是，土壤（地）退化是指数量减少和质量降低。数量减少可以表现为表土丧失，或整个土体的毁失，或土地被非农业占用。质量降低表现在土壤物理、化学、生物学方面的质量下降。

土壤退化是土地退化中最集中的表观、最基础而最重要且具有生态环境连锁效应的退化现象。土壤退化是在自然环境的基础上，因人类开发利用不当而加速土壤质量和生产力下降的现象和过程。这就是说，土壤退化现象仍然服从于成土因素理论。考察土壤退化一方面要考虑到自然因素的影响，另一方面要关注人类活动的干扰。土壤退化的标志是对农业而言的土壤肥力和生产力的下降及对环境来说的土壤质量的下降。研究土壤退化不但要注意量的变化（即土壤面积的变化），而且更要注意质的变化（肥力与质量问题）。

（二）我国土壤退化的现状与态势

1. 土壤退化的面积广，强度大，类型多

20 世纪 80 年代，我国水土流失总面积达 1.79×10^6 km^2，几乎占国土总面积的 1/5。2004 年，全国荒漠化面积达 2.64×10^6 km^2，占国土总面积的 27.5%，其中沙化面积约 1.74×10^6 km^2，占国土总面积的 18.1%。全国近 4×10^8 hm^2 的草地，20 世纪 80 年代中期严重退化的面积达 30% 以上。土壤

环境污染已大面积影响到我国农业土壤，90 年代初，受工业"三废"污染的农田已超过 $6.0×10^6 \text{ hm}^2$，相当于 50 个农业大县的全部耕地面积。近年来，我国受有机物和其他化学品污染的农田数千万公顷，受重金属污染的农业土地也超过千万公顷。总之，我国土壤退化的发生区域广，全国东、西、南、北、中发生着类型不同、程度不等的土壤退化现象。简要来说，华北主要发生盐碱化，西北主要是沙漠化，黄土高原和长江上中游主要是水土流失，西南发生石质化，东部地区主要表现为肥力退化和环境污染退化。土壤退化已影响我国 60% 以上的耕地土壤。

2. 土壤退化发展迅速、影响深远

土壤退化发展速度十分惊人，仅耕地占用一项，在 1981—1995 年的 15 年间，全国减少耕地 $5.4×10^6 \text{ hm}^2$。土壤流失的发展速度也十分惊人，土壤流失面积由 20 世纪 50 代的 $1.5×10^6 \text{ km}^2$ 发展到 90 年代的 $1.79×10^6 \text{ km}^2$，尽管 90 年代末土壤流失面积有所减少，但仍达 $1.65×10^6 \text{ km}^2$。20 世纪末，我国土地沙漠化面积每年仍以 2 100~2 500 km^2 的速度扩展。土壤酸化面积不断扩展，仅在 1985—1994 年的 10 年间，我国南方地区酸雨的影响面积已由 $1.5×10^6 \text{ hm}^2$ 扩大到 $2.5×10^6 \text{ hm}^2$。在长江三角洲地区，宜兴市水稻 pH 值在近 10 来平均下降了 0.2~0.4 个单位，Cu、Zn、Pb 等重金属有效态含量升高了 30%~300%。并且有越来越多的证据表明土壤有机污染物积累在加速。

土壤退化对我国生态环境破坏及国民经济造成了巨大的影响。土壤退化的直接后果是土壤生产力降低，化肥报酬率递减。化肥用量的不断提高，不但使农业投入产出比增大，而且成为面源污染的主要原因。土壤流失使土壤损失了相当于 $4.0×10^7 \text{ t}$ 化肥的氮、磷、钾养分，而且淤塞江河，严重影响水利设施的效益和寿命。

二、土壤退化的成因及类型

(一) 土壤退化的成因

1. 土壤（地）资源短缺，空间分布不均

我国陆地总面积约 $9.6×10^6 \text{ km}^2$，土壤（地）资源总量较大，但人均资源占有量低，人多、地少、水缺是我国的基本国情。自然和社会限制因素多，资源环境矛盾突出，这是土壤利用和农业生产的客观情况。

（1）人均土壤资源占有率低。据统计，2016 年全国耕地总面积约为 1.349×10^8 hm²，人均不到 0.1 hm²，不但低于发达国家，而且低于一些发展中国家；人均耕地、永久性草地和牧场、森林面积分别仅为世界人均水平的 47.4%、58.2% 和 24.6%。

（2）土地资源空间分布不均匀，区域开发压力大。我国土地类型构成从东向西，即由平原、丘陵到青藏高原，形成我国土地资源空间分布上的 3 个台阶，其中山地占 33%、高原占 26%、盆地占 19%、平原 12%，在土地资源配置上不协调。另外，我国 90% 以上的耕地和陆地水域分布在东南部，一半以上的林地集中在东北和西南山地，80% 以上的草地在西北干旱和半干旱地区，这一特点决定了我国土地资源与耕地资源空间分布上的矛盾十分尖锐，农业开发的压力大。

（3）生态脆弱区范围大。我国农业耕垦区中，黄土高原、新疆绿洲、西南岩溶区及东北西部与内蒙古地区均属生态脆弱带，处于两种或两种以上生态系统交错区，农业生态系统功能极为脆弱，土壤退化潜在危险明显。

（4）耕地质量总体较差，自维持能力弱。我国 1.349×10^8 hm² 耕地中，约有 2/3 属中低产地（年粮食产量为 3~5 t/hm²）。普遍缺氮磷的耕地约占 59%，缺钾的约占 23%，土壤有机质含量不足 6 g/kg 的耕地约占 11%。

2. 人口增长与社会经济发展对土壤的压力

进入 20 世纪 50 年代后，世界人口增长快速，人地矛盾日益尖锐。2005 年，全球人口超过 65 亿，预计到 2030 年将达 83 亿、2050 年将增长至 93 亿。为了满足世界人口不断增长的需求，世界粮食产量到 2030 年必须从目前的 1.9×10^9 t 再增加 1.0×10^9 t，几乎相当于从 20 世纪 60 年代中期以来的增长数量。我国 2018 年人口已达 13.95 亿，粮食总产约为 6.58×10^8 t。预测到 2030 年人口将达到 14.73 亿，期望粮食要求达到 6.63×10^8 t 以上。因此，农业生产的压力沉重，土壤资源的强度开发在所必然。

同时，正在快速发展的城镇化及民用建设对土壤资源的占用加剧了土壤资源紧缺矛盾。由于各项占用，耕地土壤减少数量相当可观。城市向郊区扩展，民营企业及各项建设正蚕食着土壤。

3. 水资源短缺与土壤退化

2012 年，我国人均占有水资源为 2 007 m³，仅为全世界人均占有量的 25%，缺水是与土壤退化有关的不可忽视的因素。我国的水土资源分布存在着严重分离。长江流域及长江以南地区耕地只占全国 38%，而径流量占全国 82%。黄河、淮河、海河三大流域耕地占全国 40%，而径流量仅占全国 6.0%。

（二）土壤退化的分类

土壤退化虽自古有之，但土壤退化的科学研究是比较薄弱的。联合国粮食及农业组织 1971 年才编写了《土壤退化》一书，我国 20 世纪 80 年代才开始研究土壤退化分类。所以在国际上对土壤退化还没有一个权威的看法。

1. 联合国粮食及农业组织《土壤退化》一书中的分类

1971 年联合国粮食及农业组织在《土壤退化》一书中，将土壤退化分为 10 大类，即侵蚀、盐碱、有机废料、传染性生物、工业无机废料、农药、放射性、重金属、肥料和洗涤剂。此外，后来又补充了旱涝障碍、土壤养分亏缺和耕地非农业占用 3 类。

2. 我国对土壤退化的分类

中国科学院南京土壤研究所借鉴了国外的分类，结合我国的实际情况，采用了 2 级分类。1 级分类将我国土壤退化分为土壤侵蚀、土壤沙化、土壤盐化、土壤污染以及不包括上列各项的土壤性质恶化、耕地的非农业占用等 6 类，在这 6 类基础上进一步进行了 2 级分类。中国土地（壤）退化 1、2 级分类见表 17-1。

表 17-1　中国土地（壤）退化 2 级分类体系

1 级		2 级	
A	土壤侵蚀	A₁	水蚀
		A₂	冻融侵蚀
		A₃	重力侵蚀
B	土壤沙化	B₁	悬移风蚀
		B₂	推移风蚀

（续表）

	1 级		2 级
C	土壤盐化	C_1	盐渍化和次生盐渍化
		C_2	碱化
D	土壤污染	D_1	无机物（包括重金属和盐碱类）污染
		D_2	农药污染
		D_3	有机废物（工业及生物废弃物中生物易降解有机毒物）污染
		D_4	化学肥料污染
		D_5	污泥、矿渣和粉煤灰污染
		D_6	放射性物质污染
		D_7	寄生虫、病原菌和病毒污染
E	土壤性质恶化	E_1	土壤板结
		E_2	土壤潜育化和次生潜育化
		E_3	土壤酸化
		E_4	土壤养分亏缺
F	耕地的非农业占用		

三、典型土壤退化类型防治实例——鄱阳湖区土地沙化及防治

（一）鄱阳湖区土壤（地）沙化现状

鄱阳湖地区作为南方沙化的典型分布区，现有沙化土地面积 3.89 万 hm^2，主要分布于彭泽、湖口、都昌、星子、永修、新建等滨湖地区。其中固定沙丘 0.67 万 hm^2，半固定沙丘 1.36 万 hm^2，流动沙丘 0.85 万 hm^2，沙改田 1.0 万 hm^2，沙化面积占湖区面积的 2.2%以上，占江西全省沙化面积的 50%以上（图 17-1）。

（二）鄱阳湖区土壤（地）沙化的成因及危害

鄱阳湖作为我国第一大淡水湖泊，在维系长江水量平衡和生态安全方面发挥着十分重要的作用。但鄱阳湖流域属于水土流失易发区，近代以来，受各种因素影响，特别是水情变化较频繁，丰水期和枯水期水位变化幅度

图 17-1　江西都昌县鄱阳湖滨湖区地表景观

大，"夏季一大片，冬季一条线"的湖面景观，致使鄱阳湖地区沙化较为严重。

　　鄱阳湖泥沙来源于鄱阳湖水系和江水倒灌，其中主要来源于鄱阳湖水系，即五河和区间入湖水所携带的泥沙。鄱阳湖水域面积的变化对沙岭沙山的形成和发展起到至关重要的作用，鄱阳湖在枯水季时，由于大量泥沙沉积，冬季适逢季节性鄱阳湖干涸，河床裸露，且冬季北风频刮，加上湖边植被干枯或破坏，致使湖沙上岸堆积，为沙山的形成提供了充足的沙源。随着沙地不断向外蔓延，形成了湖边沙山的奇特景观。鄱阳湖沙化正以每年 3~5 m 的速度扩展，甚至出现了"沙进人退"的状况，严重影响了当地居民的生产和生活。

　　（三）鄱阳湖区土壤（地）沙化的防治案例

　　江西省相继进行了"鄱阳湖区退化生态系统修复关键技术及应用""鄱阳湖沙化土地生态治理技术研究与示范"等大型项目的研究与应用示范，取得了较好的效果。

　　1. 鄱阳湖区退化生态系统修复关键技术及应用

　　自 2001 年开始对湖区退化生态系统修复开展了系列技术研究，历时 10 年，系统解决了鄱阳湖退化湿地修复、湖区水体合理利用、湖滨沙化土地治理与生态修复、湖区周边丘陵岗地环境保护与高效生态农业发展中所面临的理论和关键技术问题，取得了若干具有国际水平的创新成果，填补了中国大型淡水湖泊退化生态系统修复技术研究多项国内外空白。

（1）主要技术内容：湿地生态修复。围绕保护与恢复鄱阳湖湿地生态系统，阐明了鄱阳湖湿地植被的分布格局、演替规律和土壤种子库对水分条件的响应机制，绘制了首张1：50 000数字化湿地植被图；研发与集成了不同退化湿地类型生态修复技术模式。湖滨严重退化土地治理。揭示了鄱阳湖湖滨严重退化土地形成演化机制和植物生长规律，研发和集成了中度沙化区"经济植物混植"技术、重度沙化区"乔灌套种"技术、流动沙丘区"草灌固沙"技术、退化红壤区以百喜草为先锋植物的"降酸补肥、草苗移栽、客土壅蔸"修复技术和坡耕地水土流失阻控技术。湖区水土资源可持续利用。围绕低丘岗地生态修复和发展高效生态农业，研发了"等高草篱"、畜禽规模养殖废弃物资源化利用等关键技术，建立了"粮、果、畜（禽）、草、沼"生态农业模式；针对湖滨区肥水养鱼污染严重，筛选出鄱阳湖特色优势的水产品种，研发了"虾鱼套养"和"蚌鱼套养"生态养殖技术。

（2）技术经济指标。退化天然湿地植被覆盖率提高58%，新增湿地植物8种；双退区湿地植被覆盖率提高50%，水体总氮、总磷分别下降65%~71%、44%~60%；中度沙化区、重度沙化区、流动沙丘区域植被覆盖率分别提高40%、40%和30%，10年生湿地松林蓄积量达54.45 m^3/hm^2；裸露红壤地当年植被覆盖率达70%，土壤侵蚀量减少70%~80%。"草–畜–沼–果"生态果园土壤有机质增加30%，土壤侵蚀量减少90%以上，柑橘等水果增产10%~15%；"等高植物篱"生态拦截技术使土壤侵蚀量减少60%。"粮、果、畜（禽）、草、沼"生态农业模式提高示范区人均耕地面积0.01 hm^2，提高农民人均纯收入1 644元，森林覆盖率提高8.8%。生态养鱼模式实现亩产青虾85 kg、鱼550~800 kg，优质珍珠比例提高了30%，养殖水体达到国家淡水池塘养殖水排放要求（SC/T 9101—2007）。

（3）应用推广及效益情况。项目成果为鄱阳湖生态经济区建设规划提供了科技支撑，为相关学科研究提供了案例和基础数据。在鄱阳湖区周边7个县推广15.93万 hm^2，新增经济效益11.73亿元，改善了湖区及周边生态环境，有效地促进了鄱阳湖生态经济区建设。

2. 鄱阳湖沙化土地生态治理技术研究与示范

我国南方湿润地区的土地沙化问题，在成因、分布范围、治理及开发利用途径上，与北方干旱地区有所不同，在水蚀、风蚀和人为因素共同作用下出现了"水乡沙漠"的特殊景观。在沙化治理上寻找适宜于鄱阳湖地区成熟的沙化治理技术与模式至为重要。

在搜集资料和实地调查的基础上，分析鄱阳湖现代沙山沙化土地形成（演化）机制和鄱阳湖沙化地区土壤水肥特征和植被恢复的限制因子，提出植被恢复的基本思路，开展沙化地区植被物种选育、配制与群落配置技术，进行沙化地区植被恢复技术的研究，采取"边研究、边示范、边推广"的方式进行示范，具体过程如下。

（1）项目实施的方法。

苗木繁育技术　在鄱阳湖沙化土地周边建立苗圃引种苗木进行繁育，包括营养钵育苗盒两年生湿地松育苗。

建设实验示范区　在鄱阳湖沙化土地建立试验示范区，示范研究香根草治沙，湿地松治沙，"乔灌套种""草灌固沙"等固沙技术。

跟踪监测　对采取典型治沙措施的区域，进行植被调查观测试验，筛选优良综合治沙模式。

（2）项目实施的成果。鄱阳湖地区沙化土地是风蚀、水蚀综合作用的结果。历史上地质地貌变迁形成的沙山为土地沙化提供了丰富的物质条件；鄱阳湖年内的水位周期变化及水蚀为该区沙化发生提供了环境条件；丰富的降水、强盛的风力和人类活动导致的植被覆盖降低、抗蚀能力减弱是土地沙化发生的主要驱动力。研究表明，增加沙化土地植被覆盖、降低水蚀和风蚀强度是治理沙化土地的根本措施。

通过对鄱阳湖沙化区域的小气候特征、土壤条件和植物生长过程的长期监测，研究发现，夏季高温、冬季风强以及土壤质地粗是影响土壤水肥保持和植物幼苗生长的主要因素。针对不同沙化程度，集成沙化土地治理技术：中度沙化区沙丘固定，地表裸露呈斑点状零散分布，集成以发展经济植物和改善土壤环境为主的经济植物混植技术；重度沙化区为半固定沙丘，采取以构建植物群落为主的"乔灌套种"技术；流动沙丘区风蚀水蚀严重，沙丘呈面、条带状分布，采取先锋物种固定流动沙丘为主的"草灌固沙"技术。

在江西省都昌县不同沙化程度的区域建立试验示范场 110 hm²，开展不同技术模式的示范研究：在中度沙化区利用"雷竹+单叶蔓荆+狗牙根"及"经济树种与固氮树种混植"模式，植被覆盖率达到 85%，提高了土壤的水肥保持能力；在重度沙化区利用"湿地松引种驯化与深穴种植"及"湿地松-紫穗槐乔灌套种"模式，提高了植物对沙化土地的适应性，形成了一定规模的植物群落，植被覆盖率达到 70%；在流动沙丘区域利用"单叶蔓荆+夹竹桃""香根草"等模式，有效减缓了沙丘流动，植被覆盖率达到 50%。

（3）成果推广应用。项目坚持"边研究、边示范、边推广"，并以推广应用为目标。2011—2013 年，先后在都昌县、星子县、南昌县、新建县推广"湿地松引种驯化与深穴种植""经济树种与固氮树种混植"和"湿地松-紫穗槐乔灌套种"等有效的沙化土地植物恢复技术模式，面积达 4.30 万亩，木材蓄积折合经济效益 1.120 8 亿元。沙化区域森林覆盖率由推广前的 20% 提高到 80%，生态环境明显改善。

四、典型土壤（地）沙化防治的借鉴与启示

在南方土壤（地）沙化的防治上，要让防治效果具有针对性、有效性和可持续性，需要抓好以下几个方面的工作。

1. 土壤（地）沙化的防治必须以防为主，防治结合

防治重点应放在水土流失易发区。从地质背景上看，土壤（地）沙化是不可逆的过程，这就要求必须采取有效措施防止新的土壤（地）沙化的出现，对于已经出现的土壤（地）沙化要下大力气予以治理，这就凸显了防治相结合的重要性。

2. 综合治理的防治措施

开展鄱阳湖退化湿地修复、湖区水体合理利用、湖滨沙化土地治理与生态修复、湖区周边丘陵岗地环境保护与高效生态农业发展等方面综合治理。在中度沙化区应用"经济植物混植"技术、重度沙化区"乔灌套种"技术、流动沙丘区"草灌固沙"技术，可以固定沙丘的流动，降低沙化面积的扩展。退化红壤区以百喜草为先锋植物的"降酸补肥、草苗移栽、客土壅蔸"修复技术和坡耕地水土流失阻控技术，从源头上减少了水土流失量。在红壤低丘岗地进行"等高草篱"生态修复和应用畜禽规模养殖废弃物资源化利用关键技术，建立"粮、果、畜（禽）、草、沼"生态农业模式

发展高效生态农业，提高了红壤的生产效益，从而使土壤（地）沙化治理具有针对性、有效性和可持续性。

3. 因地制宜的防治技术措施

南方湿润地区的土地沙化问题，在成因、分布范围、治理及开发利用途径上与北方是明显不同的，要求防治技术必须因地制宜。在中度沙化区利用"雷竹+单叶蔓荆+狗牙根"及"经济树种与固氮树种混植"模式，植被覆盖率达到85%，提高了土壤的水肥保持能力；在重度沙化区利用"湿地松引种驯化与深穴种植"及"湿地松–紫穗槐乔灌套种"模式，提高了植物对沙化土地的适应性，形成了一定规模的植物群落，植被覆盖率达到70%；在流动沙丘区城利用"单叶蔓荆+夹竹桃""香根草"等模式，具有很强的针对性和实用性，因而治理效果明显。

4. 利用百喜草等为先锋植物进行生态修复

充分利用百喜草具有繁殖快、适应性广、产量高的习性和特点，就地取材容易，节约成本。具有粗壮、木质、多节的根状茎，提高了效能，是一条绿色而有效的途径，为南方湿润区的土壤（地）沙化治理的选材提供了范例。

5. 研究团队的精诚合作，精心研究，成果丰硕

从上述两个项目案例看，完成的研究单位由3~4个组成，团队成员所涉及的研究方向各有不同，这就需要研究单位和团队成员合理的分工合作，才能高质量完成研究项目。

6. 控制农垦

土壤（地）沙化正在发展的农区，应合理规划，控制农垦，水土流失易发区，应加强保护和可持续开发利用。

7. 其他技术的应用

除了上述防治技术措施外，对于红壤坡耕地也可以采用覆盖和敷盖等技术措施。对于沙化的土壤，也可以采用沙漠"土壤化"生态恢复技术等。

第十八章　秸秆综合利用现状及
培肥土壤应用案例

一、秸秆的概念及其特点

秸秆是成熟农作物茎叶（穗）部分的总称。通常指小麦、水稻、玉米、薯类、油菜、棉花、甘蔗和其他农作物（通常为粗粮）在收获籽实后的剩余部分。农作物光合作用的产物有一半以上存在于秸秆中，秸秆富含氮、磷、钾、钙、镁和有机质等，是一种具有多用途的可再生的生物资源，秸秆也是一种粗饲料。特点是粗纤维含量高（30%~40%），并含有木质素等。木质素纤维素虽不能为猪、鸡所利用，但却能被反刍动物牛、羊等牲畜吸收和利用。

二、我国农作物秸秆资源概况

我国农作物秸秆的年产量虽然没有准确的统计数据，但一般可根据农作物的种植面积及其籽实产量间接推算得知（表18-1）。根据国家统计局关于2022年粮食产量数据的公告，根据资料的草谷比值，可折算成农作物总秸秆量为81 051.8万t，这是2022年我国农业生产过程中产生的最大可再生资源。

表18-1　2022年全国粮食播种面积、总产量及单位面积产量情况

	播种面积/万 hm²	总产量/万 t	单位面积产量/（kg/hm²）	草谷比**	总秸秆量/万 t
全年粮食	11 833.21	68 652.8	5 801.7	—	81 051.8
一、分季节					

（续表）

	播种面积/ 万 hm²	总产量/ 万 t	单位面积 产量/ （kg/hm²）	草谷比**	总秸秆量/ 万 t
1. 夏粮	2 653.00	14 740.3	5 556.1	—	—
2. 早稻	475.51	2 812.3	5 914.3	—	—
3. 秋粮	8 704.70	51 100.1	5 870.4	—	—
二、分品种					
1. 谷物	9 926.88	63 324.3	6 379.1		
其中：稻谷	2 945.01	20 849.5	7 079.6	1.000	20 849.5
小麦	2 351.85	13 772.3	5 856.0	1.170	16 113.6
玉米	4 307.01	27 720.3	6 436.1	1.040	28 829.1
2. 豆类	1 187.79	2 351.0	1 979.3	1.500	3 526.5
3. 薯类	718.54	2 977.4	4 143.7	0.500	1 488.7
4. 棉花	300	598	—	3.000	1 794
5. 油料	1 314	3 653	—	2.000	7 306
6. 糖料	147	11 444	—	0.100	1 144.4

注：数据来源于《中华人民共和国 2022 年国民经济和社会发展统计公报》；** 草谷比来源于谢光辉等（2011）、张玲（2009）。

三、我国秸秆综合利用现状与存在的问题

我国是农业大国，对作物秸秆的利用有悠久的历史，只是由于从前农业生产水平低、产量低，秸秆数量少，秸秆除少量用于垫圈、喂养牲畜，部分用于堆沤肥外，大部分都作燃料烧掉了。随着农业生产的发展，我国自 20 世纪 80 年代以来，粮食产量大幅提高，秸秆数量也明显增多，如2022 年全国农作物秸秆量约为 81 051.8 万 t。加之省柴节煤技术的推广、烧煤和使用液化气的普及，使农村中有大量富余秸秆。如何进行秸秆的综合利用，成了广大科技工作者关注和研究的热点。以"秸秆"为关键词在中国知网中搜索结果（截至 2023 年 7 月 11 日）为：学术期刊 6.89 万篇、学位论文 1.49 万篇、会议 2 638 篇、报纸 5 059 篇、图书 4 册、标准 39 项、成果 2 236 项等，由此可见一斑。

（一）我国秸秆综合利用现状

我国地域辽阔、地势差异大、气候类型多样，各地的种植制度、种植

作物的类型及产量、秸秆系数各异，在秸秆的综合利用上，各地具有地方特色，具体有以下利用方式。

1. 秸秆肥料

秸秆不仅含有大量有机质，而且富含氮、磷、钾、钙、硫、镁（表18-2），这些成分是植物生长过程中所需的重要营养成分。因此，秸秆是一种良好的肥源。

秸秆作为有机肥料还田，是目前主要的利用方法之一。秸秆还田的主要方式有：秸秆粉碎还田、保护性耕作、快速腐熟还田、堆沤还田、过腹还田、沤肥、高温堆肥、生物质炭、菌剂腐解、基料化还田等。

表 18-2　主要农作物秸秆中几种营养元素含量占干物质的比重 （单位:%）

秸秆种类	N	P$_2$O$_5$	K$_2$O	Ca	S
麦秸	0.5~0.67	0.2~0.34	0.53~0.6	0.16~0.38	0.123
稻草	0.63	0.11	0.85	0.16~0.44	0.11~0.189
玉米秸	0.4~0.50	0.38~0.40	1.67	0.39~0.80	0.263
豆秸	1.30	0.30	0.50	0.79~1.50	0.227
油菜秸	0.56	0.25	0.348~1.13	—	—

注：数据来源于张玲（2009）。

2. 秸秆饲料

在我国秸秆用作饲料历史悠久。利用物理、化学、微生物学原理，通过青贮、微贮、揉搓丝化、压块等处理方式把秸秆转化为优质饲料，使富含木质素、纤维素、半纤维素的秸秆降解转化为含有丰富菌体蛋白、维生素等成分的生物蛋白饲料。含有水分和糖分较多的秸秆是很好的饲料原料，尤其是玉米秸秆、小麦秸秆等。

以青贮为例，发酵秸秆饲料要有以下步骤：①把握好收割时间，一般密植青刈玉米在乳熟期，豆科植物在开花初期，禾本科牧草在抽穗期，甘薯藤在霜前收割。②快速运输，减少水分蒸发，减少呼吸作用和物料氧化作用造成养分损失。③料长合适，一般将原料切成2~3 cm的小段，以利于装窖时踩实、压紧、排气，同时沉降也较均匀，养分损失少。④撒料装窖，5 t青贮物料用发酵剂1 kg。将青贮饲料发酵助剂用米糠（麦麸皮或玉米粉）按 1∶10 左右的比例稀释，喷水，物料水分调至 60%～70%，开始装窖，随装随踩，一边装原料，一边撒发酵菌剂，每装 30 cm 左右踩实 1 次，尤其是边缘踩得越实越好，尽量 1 次装满全窖。⑤盖草封土，装填量需高于边缘 30 cm，以防青贮料下沉。一般青贮饲料发酵 40 天左右就可以饲喂了，要从上至下垂直分层取料，每次取 10 cm 左右，取完密封。

3. 秸秆能源

直接燃烧 目前我国农村仍有一半的能源来自农作物秸秆的直接燃烧（占秸秆总量的 30%）。但这种方式烟熏火燎不卫生，能源利用率仅为 13% 左右。

秸秆沼气（生物气化） 以秸秆为主要原料，经微生物发酵作用产生沼气和有机肥料。它充分利用稻草、玉米等秸秆原料，有效解决了沼气推广过程中原料不足的问题，使不养猪的农户也能使用清洁能源。秸秆入池产气后剩下的沼渣是很好的肥料，可作为有机肥料还田（即过池还田），以提高秸秆资源的利用效率。

秸秆固化成型燃料 在一定温度和压力作用下，将农作物秸秆压缩为棒状、块状或颗粒状等成型燃料，从而提高运输和贮存能力，改善秸秆燃烧性能，提高利用效率，扩大应用范围。秸秆成型后，体积缩小 6～8 倍，密度为 1.1～1.4 t/m³，其热值可达 3 200～4 500 kcal，具有易燃、灰分少、成本低等特点，作为新的商品能源已在各个行业大量使用。

秸秆热解气 以农作物秸秆、稻壳、木屑、树枝以及农村有机废弃物等为原料，利用气化炉，在缺氧的情况下进行燃烧，通过控制燃烧过程，使之产生含一氧化碳、氢气、甲烷等的可燃气体，使之成为农户的生活用能。该项技术在江西高安的大米加工企业已有应用，把稻壳经过缺氧控制燃烧产生的可燃气体用来发电，稻壳直接生产成了生物质炭，产生的焦油也可以成为工业原料。

生物质油 其关键技术环节是快速热解，这一技术理论提出于 20 世纪 70 年代末。即将经粉碎后的农作物秸秆快速加热至 500℃ 以上，促使其由大分子热解裂变为小分子形成油离蒸气，再快速冷凝生成生物质油。由中国科学技术大学朱锡锋、郭庆祥教授等研制的一项最新科技成果可将木屑和秸秆等多种原料进行热解液化和再加工，将它们转化为生物油，其中木屑产油率60%以上，秸秆产油率50%以上，生物油热值16~18 MJ/kg。

秸秆直接燃烧发电　秸秆在锅炉中直接燃烧，释放出来的热量通常用来产生高压蒸汽，蒸汽在汽轮机中膨胀做功，转化为机械能驱动发电机发电。该技术基本成熟，已经进入商业化应用阶段。由于该技术需要原料的大规模收集，适用于农场以及我国北方平原等粮食主产区。

4. 秸秆基质

食用菌是真菌中能够形成大型子实体并能供人们食用的一种真菌，食用菌以其鲜美的味道、柔软的质地、丰富的营养和药用价值备受人们青睐。秸秆中含有丰富的碳、氮、矿物质及激素等营养成分，且资源丰富，成本低廉，因此很适合做多种食用菌的培养料。培养料通常由碎木屑、棉籽壳、稻草和麦麸等构成。目前，利用秸秆栽培的食用菌品种较多，有平菇、姬菇、草菇、鸡腿菇、毛木耳等十几个品种，而且有些品种的废弃菌棒（袋）料可以作为另一种食用菌的栽培基料，基料化后可以还田利用，不仅提高了生物转化率和基料利用率，延长了利用链条，也减少了对环境的污染。

5. 秸秆手工艺编织

秸秆富含纤维素，而且韧性好，可用于编织草帽、草包、草帘、草篮、草鞋、蒲扇等工艺品。有的还用来编织成草垫、草篱、苫盖茅屋等。

6. 作为工业原料

秸秆纤维作为一种天然纤维，生物降解性好，可以作为工业原料，如纸浆原料、保温材料、包装材料、各类轻质板材的原料，可降解包装缓冲材料、编织用品等，或从中提取淀粉、木糖醇、糖醛等。其中，最主要的用途是作为纸浆原料。可用于造纸纤维原料的秸秆为禾草类，包括稻草、麦秸、高粱秆、玉米秆等。其中，麦秸是造纸重要的非木纤维资源，其他秸秆尚未大量使用。造纸用麦秸占总量的30%以上，主要集中在麦秸主产区的河南、安徽、山东、河北等省。

2022年6月26日，中国林学会发布了"十三五"期间林草科技十大进展。其中就有突破植物纤维承载单元力学体系构建与秸秆资源材料化利用等重大关键技术及核心装备等研究成果。

（二）秸秆利用中存在的问题

2022 年，农业农村部发布的《全国农作物秸秆综合利用情况报告》显示，全国农作物秸秆综合利用率稳步提升，2021 年，全国农作物秸秆利用量 6.47 亿 t，综合利用率达 88.1%，较 2018 年增长 3.4 个百分点。这是近几年来，国家实行环境生态保护、秸秆离田效能提升和秸秆市场化利用等的结果。为进一步提升秸秆综合利用水平，江西省印发了《江西省农作物秸秆综合利用三年行动计划（2018—2020 年）》，要求规范秸秆机械收割作业，推动秸秆农用产业发展，2018 年全省秸秆综合利用率达到 88%，2020 年达到 90% 以上。目前，江西在秸秆综合利用处理方式上主要采用机械粉碎还田和打捆离田，其中粉碎还田约占 98%，打捆离田约占 2%。仍存在如下不足。

1. 长年秸秆全量还田，给农业生产和生态环境带来一定影响

主要表现在：①对农业生产的影响。秸秆持续大量还田，超过土地降解能力，滞留秸秆影响下茬作物种子发芽和作物从土地中汲取营养，造成作物产量下降。②病虫草害的影响。还田秸秆中携带有病虫菌，作为病虫菌寄生物的还田秸秆加剧了田间病虫草害，造成农药使用量增加。③对环境的影响。未充分降解的秸秆腐烂后污染水源，"海绵田"和病虫害严重，农户为提高产量增加肥料和农药的使用量，对土壤和环境造成影响。

2. 打捆离田存在的问题

①作业环节多。传统秸秆打捆作业包括联合收割机收割作物、搂草机搂草、收拾打捆机压捆和秸秆离田等环节，多环节作业增加了作业成本，机械反复碾压又破坏农田土层。②作业费用高。经调查测算，在道路通达、田块较好的农田区域，每吨水稻秸秆（约 2 亩）机械收割费用 160 元，搂草和收拾打捆费用 100 元，田间搬运费 30 元，秸秆从田间至生物电厂车辆运输费用 80 元。而含水率 30% 以下、灰分 15% 以下的秸秆在生物电厂收购价格 290 元/t，秸秆打捆离田成本高于秸秆收购价格，约 80 元/t。③秸秆储存难。未充分晒干或二次压捆的水稻秸秆含水率高，秸秆储存易发生发酵霉烂，且秸秆堆放过程中有发热自燃的风险。④秸秆处理能力有限。江西省目前秸秆生物质发电厂不多，远远满足不了农作物秸秆处理需求。⑤秸秆燃烧热值低，作为燃料发电经济效益不好。

北方的秸秆综合利用也存在如下问题：秸秆资源化、商品化意识不够；离田实现商品化的费用较高；秸秆综合利用企业规模小；散户种植面积小；综合利用的关键技术和设备还存在成本高、效率低、不实用等问题，导致农户接受难、推广难等。

四、秸秆综合利用案例——培肥土壤

当前，秸秆还田的方式主要有：秸秆粉碎还田、保护性耕作、快速腐熟还田、堆沤还田、过腹还田、沤肥、高温堆肥、生物质炭、腐解菌剂腐解、基料化还田等。

（一）江西红壤旱地秸秆全程覆盖技术提升案例

江西红壤旱地存在"酸、瘠、黏、板、旱、蚀"的特点。针对红壤旱地酸、黏、瘠等障碍因子及红壤旱地覆盖秸秆腐解缓慢、秸秆覆盖后水肥管理难、春季低温高湿、伏秋易遇干旱等问题，通过室内模拟与田间试验相结合，揭示覆盖秸秆的分解规律，明确秸秆覆盖提升土壤有机质、改善土壤酸度和增加土壤养分的作用机理，提出红壤旱地秸秆全程覆盖高效还地关键技术，取得了较好效果和丰硕成果。

1. 技术原理

在总结、归纳秸秆数量、综合利用以及秸秆还地应用效果基础上，应用土壤学、水土保持学等多学科交互原理，在探讨秸秆覆盖还地量及覆盖秸秆腐解规律及特点的基础上，针对其利用过程中存在的关键问题，如春播作物烂种、烂苗现象严重等，通过试验研究和示范推广相结合的技术途径，重点开展红壤旱地秸秆全程覆盖提升技术研究，组装集成以稻草覆盖为主体的红壤旱地"控蚀-抗旱-降酸-调湿-培肥"为一体的技术模式，并示范推广。

2. 技术性能指标及成果

具体技术包括红壤旱地油菜秆、花生秆和稻草（最适覆盖还田量分别为 50 kg/亩、100~150 kg/亩和 200 kg/亩）的"即种即盖"还地技术、红壤缓坡地控蚀保墒技术、红壤旱地稻草覆盖土壤调理技术、花生秸秆就地覆膜分层堆沤还地等秸秆覆盖高效还地关键技术。构建了缓坡红壤旱地（8°~12°）"稻草覆盖+香根草篱'一保两增'"技术体系、红壤平缓坡

（＜8°）"旱地稻草覆盖＋土壤调理剂'降酸调湿增效'"技术体系和中等肥力以上红壤旱地花生–木薯双季秸秆覆盖"养分循环利用"，使示范区地表径流量减少30.3%～70.0%，土壤侵蚀量降低90%以上，土壤有机质含量提高2.8%～6.01%，＞0.5 mm水稳性团聚体含量增加12.7%～21.2%，土壤pH值提高0.24～0.61个单位，作物产量增加24.4%～42.2%，提高经济效益23.2%～62.5%，实现了红壤旱地经济、生态和社会效益的统一。

（二）腐解菌腐解稻草还田技术案例

1. 供试材料

试验基地位于江西省上高县，属中亚热带季风气候型，年平均气温为17.6 ℃，冬季最冷月1月平均气温为5.5 ℃，夏季最热月7月平均气温为29.1 ℃。供试土壤的基本性质为砂壤土，地力中上等，全氮2.39 g/kg、速效氮187.94 mg/kg、有机质41.38 mg/kg、速效磷62.34 mg/kg、速效钾81.73 mg/kg，水土质量比为2.5∶1时，pH值5.44。

供试品种为超级杂交晚稻H优518（江西省上高农技推广站供应）。稻草为前茬早稻机械收割后的稻草。高效腐解菌制剂由江西农业大学生物科学与工程学院应用微生物实验室研制，含有黑曲霉、韦氏芽孢杆菌、解淀粉芽孢杆菌、巨大芽孢杆菌、葡萄球菌和氧化木糖无色杆菌，其中黑曲霉孢子数为$1.0×10^{10}$ cfu/g，总细菌数为$1.5×10^{10}$ cfu/g。

2. 试验设计

在早稻稻草切碎全量还田的条件下，设置加稻草腐解剂（SM）和不加稻草腐解剂（CK）2个处理，进行大区试验，每个处理种植1亩。6月27日播种，基质旱育，7月18日机插，规格为30 cm×14 cm。7月15日傍晚撒腐解剂50.97 g/m²、CaO 1.20 g/m²。基肥施45%（15N–15P–15K）的复合肥60.00 g/m²，分蘖肥施尿素7.75 g/m²，穗肥施尿素12.00 g/m²，氯化钾10.00 g/m²。苗数达80%时晒田，收割前7天断水。

3. 试验结果

（1）土壤可培养功能微生物。与CK相比，SM的土壤细菌、放线菌和真菌的数量都显著增加，其中亚硝化细菌、硝化细菌、反硝化细菌、好气性自生固氮菌、好气性纤维素分解菌、厌气性纤维素分解菌、反硫化细菌、无机磷细菌、有机磷细菌、铁细菌和硅酸盐细菌数量分别提高了119.8%、

55.6%、51.9%、40.5%、107.4%、9.8%、16.5%、70.8%、145.2%、140.1%、70.0%，但厌氧自生固氮菌、芳香族化合物分解菌和硫化细菌数量不同程度地减少。

（2）对土壤矿质养分及水稻产量的影响。SM的有机质、全氮、有效磷及水稻产量显著高于CK，说明添加复合腐解菌剂促进了养分的积累，促进水稻对生长所需营养元素的吸收，从而使水稻显著增产（表18-3）。

表18-3　不同处理土壤矿质养分及产量

处理	有机质/（g/kg）	全氮/（g/kg）	有效磷/（mg/kg）	速效钾/（mg/kg）	实际产量/（kg/hm²）	增产率/%
CK	27.44±2.86	2.60±0.00	16.46±0.21	29.30±0.07	7 982.85±12.81	—
SM	31.60±3.08	3.40±0.00	32.52±0.15	26.32±0.32	8 453.00±13.41	5.90

注：表格中的数值为平均值±标准差。

4. 试验结论

稻草全量还田配施腐解菌剂对土壤微生物、养分转化和作物产量影响的研究结果表明，稻草全量还田配施腐解菌剂可以增加水稻有益微生物及养分循环相关微生物的种类和数量，减少水稻致病菌的种类和数量。这表明稻草还田配施腐解菌剂是通过调节土壤微生态，进而促进养分循环以及减少致病菌数量来实现对水稻的促生增产。

魏赛金等（2016）研究者自制的复合腐解菌剂在稻草全量还田的机插栽培条件下具有较好运用前景。稻草还田是一种保护性耕作技术，对农业生产意义重大。

五、秸秆综合利用的借鉴与启示

针对秸秆的综合利用，传统的秸秆利用方式有很多优点，但也存在较多不足，如秸秆焚烧等。对于年产农作物秸秆量达8亿多吨的情况下，如何让这些农作物秸秆变为有用的资源？主要有以下几个方面的借鉴与启示。

1. 技术创新是关键

上述红壤旱地秸秆全程覆盖技术提升案例，创新了稻草覆盖红壤旱地"降酸-调湿-增效"一体化技术。针对红壤旱地春季作物稻草覆盖后水肥管理难、低温高湿导致烂种烂苗等问题，以及红壤自身存在的酸、蚀、瘠等障碍因子，提出了以"土壤调理剂和控释肥"为重点的覆盖条件下红壤旱地降酸、调湿、增效为一体的创新技术体系。创新了丘陵红壤旱地花生—木薯双季秸秆覆盖技术。提出了红壤旱地秸秆即种即盖技术等。构建了针对缓坡、平缓以及中等肥力以上红壤旱地的区域特色的多技术体系，对提高红壤地区旱地资源利用率、控制坡耕地水土流失、提升土壤肥力，促进区域农业增产、农民增收等具有重要的意义。并且该技术体系具有针对性强、适应性广、定量化程度高、可操作性强、易于掌握应用等特点。

2. 提高了经济效益、社会效益和生态效益

生态效益是生态环境所带来的效益。是通过自然环境、生态系统所产生的效益。人们在生产经营中重视自然生态平衡。保护生态环境，对人类生存环境的改善，而产生的良好的效果也会反映在经济效益上，经济效益的提高又有助于改善生态环境条件，因此，经济效益与生态效益也是相互联系和相互制约的，生态效益是经济效益形成的基础，经济效益则是生态效益改善的外部条件，两者是相互促进的关系。

经济效益的提高也为社会带来多方面的效益。秸秆的综合高效利用，一方面可以向社会提供更多产品和劳动服务，满足社会的需要。以秸秆作为材料加以合理利用，如编织品、工艺品、工业和能源利用等，可以促进社会生产水平的提高，促进科学、文化、教育和卫生事业的发展，提高人民的物质文化生活水平。这既实现了巨量农作物秸秆变废为宝带来的经济效益，又实现了社会效益。另一方面，农作物秸秆的综合高效利用，增加了就业，培养了创新型人才，提升了生活环境和质量，推动了社会各项事业协调发展，促进了社会的稳定和经济繁荣，所有这些都是难以计量的社会效益。

3. 稻草全量还田配施腐解菌剂技术，提高稻草降解速率和效能

生产实践经验表明，如果进行秸秆直接还田，采用本田秸秆直接还田方式最好，它既能维持和逐步提高土壤有机质含量，还省工省时、方便、快捷。稻草还田配施腐解菌剂可以通过调节土壤微生态，进而促进养分循环以及减少致病菌数量来实现对水稻的促生增产，应用前景更为广泛，对农业生产的意义重大。

4. 多方力量齐抓共管

如何让秸秆找到"好归宿"，不再成为"夏收的烦恼"，这是推进农业绿色发展的一道必答题。只要锚定把农作物秸秆转化成资源进行高效利用这个目标，多方力量各齐抓共管，各尽所能，让老百姓从"偷着烧"到"争着交"，从中得到真正的实惠，问题就好解决了。

第十九章　中国农业区划体系及农业布局案例

一、农业区划概念及特点

农业区划是按照农业地域分异规律，在一定地区范围内对农业生产的条件和类型所进行的空间区分。是研究农业地理布局的一种重要科学分类方法。是在农业资源调查的基础上，根据各地不同的自然条件与社会经济条件、农业资源和农业生产特点，按照区内相似性与区间差异性和保持一定行政区界完整性的原则，把全国或一定地域范围划分为若干不同类型和等级的农业区域；并分析研究各农业区的农业生产条件、特点、布局现状和存在的问题，指明各农业区的生产发展方向及其建设途径。农业区划既是对农业空间分布的一种科学分类方法，又是实现农业合理布局和制定农业发展规划的科学手段和依据，是科学地指导农业生产，实现农业现代化的基础工作。

农业区划是一门涉及自然生态、社会经济和多种技术的横跨自然、技术、社会经济多学科的一门高度综合的交叉学科和边缘学科。它的主要任务是通过区划揭示农业生产条件和农业布局的地域分异和分工规律。

农业区划的基本特征是具有地域性、综合性和宏观性。同时，还具有长期性、超前性和战略性3个特点。

二、农业区划分类及体系

农业生产具有强烈的地域性，地区差异十分明显，按区内相似性和区际差异性来划分农业区，目的是为充分、合理开发利用农业资源，扬长避短，发挥地区优势，因地制宜地规划和指导农业生产，实现合理的农业地域分工提供科学依据。

农业区划的划分单元，一般用区域，有的用类型。同一区域或类型的农业生产条件和内容特点都具有基本的共同性或相似性，与其他区域或类型则有明显的差异性。区域是联片的，不再重复出现；而类型则可能是不联片的、重复出现的。农业区划界线要正确反映客观存在的农业生产分布及其形成的农业区界，有时又不能不打破行政界线；但由于农业的领导和计划管理机构一般是按行政区划单位分级设置的，农业区划又不能不适当保持行政区域的完整性。

我国现有的农业区划繁多，农业区划分没有统一的标志和指标，大致分为比较单一的主导指标和综合的多指标。根据我国的实践，与综合自然区划相呼应方面，涵盖各种自然要素，如气候区划、水文区划、土区划、侵蚀区划、土地利用区划、植被区划、动物区划、水体功能区划、灾害区划等；与区域区划相呼应方面，包括综合区划和部门区划两类，其中以省、区为单位的区划工作最具有代表性。

我国的农业区划体系是由农业区划具体内容组成的一个互相联系的多层次系统，具体可分成横向系统和纵向系统。

1. 横向系统

一般包括农业资源调查、农业自然区划、农业部门区划、农业技术改革区划和综合农业区划等。其中，农业资源调查是农业区划的基础工作，综合农业区划是农业资源调查和各单项农业区划的有机综合和概括，是整个农业区划体系的主体和核心（图19-1）。

中国农业资源区划30年的成就中，农业区划的研究主要有农业自然条件区划、农业部门区划、农业技术改革区划、综合农业区划、农村经济区划、农业功能区划等方面。

2. 纵向系统

一般包括全国性的农业区划、省级农业区划和县级农业区划，构成了由全国到地方的纵向区划体系。下一级区划是上一级区划的基础，上一级区划是下一级区划的指导，上下衔接，彼此参证。这样，既可以全面地反映农业生产地域差异，又便于在生产实践中应用，为因地制宜指导农业生产服务。

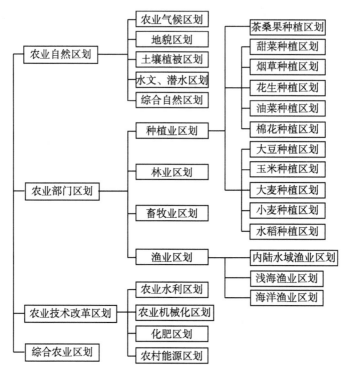

图 19-1　中国农业区划分类体系

　　根据综合区划的分区原则与方法，对中国综合农业区的划分。1981 年编制的《中国综合农业区划》将全国划分为 10 个一级农业区和 38 个二级农业区（表 19-1）。一级区概括地揭示中国农业生产最基本的地域差异，既反映中国自然条件大的地带性特征，也反映通过长期历史发展过程形成的农业生产的基本地域特点；二级区着重反映农业生产发展方向和建设途径的相对一致性，结合分析农业生产的条件、特点和问题。

　　2011 年中国农业出版社出版的《中国农业功能区划研究》中，对全国农业功能区进行了重新划分，划分为了 10 个一级区、45 个二级区。一级区反映全国农业多功能地域分异的基本格局，主要由大的地理界线、大的区域经济发展不平衡性所控制。二级区则更具有实用性，反映从全国角度出发的各项功能的具体特征及外部制约因素。

表 19-1　中国综合农业区划

一级区	二级区	一级区	二级区
Ⅰ. 东北区	Ⅰ1. 兴安岭林农区 Ⅰ2. 松嫩三江平原农业区 Ⅰ3. 长白山地林农区 Ⅰ4. 辽宁平原丘陵农林区	Ⅵ. 西南区	Ⅵ1. 秦岭大巴山林农区 Ⅵ2. 四川盆地农林区 Ⅵ3. 川鄂湘黔边境山地林农区 Ⅵ4. 黔桂高原山地农林牧区 Ⅵ5. 川滇高原山地农林牧区
Ⅱ. 内蒙古及长城沿线区	Ⅱ1. 内蒙古北部牧区 Ⅱ2. 内蒙古中南部牧农区 Ⅱ3. 长城沿线农林牧区	Ⅶ. 华南区	Ⅶ1. 闽南粤中农林水产区 Ⅶ2. 粤西湘南农林区 Ⅶ3. 滇南农林区 Ⅶ4. 琼雷及南海诸岛农林区 Ⅶ5. 台湾农林区
Ⅲ. 黄淮海区	Ⅲ1. 燕山太行山山麓平原农业区 Ⅲ2. 冀鲁豫低洼平原农业区 Ⅲ3. 黄淮平原农业区 Ⅲ4. 山东丘陵农林区	Ⅷ. 甘新区	Ⅷ1. 蒙宁甘农牧区 Ⅷ2. 北疆农牧林区 Ⅷ3. 南疆农牧区
Ⅳ. 黄土高原区	Ⅳ1 晋东豫西丘陵山地农林牧区 Ⅳ2. 汾渭谷地农业区 Ⅳ3. 晋陕甘黄土丘陵沟谷牧林农区 Ⅳ4. 陇中青东丘陵农牧区	Ⅸ. 青藏区	Ⅸ1. 藏南农牧区 Ⅸ2. 川藏林农牧区 Ⅸ3. 青甘农区 Ⅸ4. 青藏高寒牧区
Ⅴ. 长江中下游区	Ⅴ1. 长江下游平原丘陵农林水产区 Ⅴ2. 豫鄂皖平原山地农林区 Ⅴ3. 长江中游平原农业水产区 Ⅴ4. 江南丘陵山地林农区 Ⅴ5. 浙闽丘陵山地林农区 Ⅴ6. 南岭丘陵山地林农区	Ⅹ. 海洋水产区	—

三、农业布局

农业布局又称农业分布或农业生产（力）布局，也叫农业配置或农业生产（力）配置。通俗说法就是农业的空间安排。农业布局是经济布局的一个重要方面。它是指种植业、林业、畜牧业、渔业、副业等生产部门，以及各业内部的各种生产门类，在种类和数量上的地区安排，也就是它们在不同地区的空间分布。它同农业生产结构联系紧密，但又有区别。农业生产结构是指在一定地区范围内，农业的各个部门和各种生产门类，相互之间的比例关系及其结合形式。在安排各部门、各门类的地区布局时，必须考虑它们之间的相互关系，建立合理的农业结构，在建立一个地区的农业结构时，更必须以组成这个结构的各个部门、各门类的合理地区布局为前提。正因为二者密不可分，所以一般将二者通称为农业布局。它既包括地区之间农业生产的地域分工，也包括地区内部的部门结构。

合理的农业布局和结构可以充分发挥劳动力及其他农业资源和生产设施的潜力。合理的农业布局和结构，必须综合考虑4个问题：①要有利于充分发挥自然资源和经济资源的潜力；②要有利于保持良好的生态环境；③要有利于满足时常对农产品多种多样的需求；④要有利于提高农业生产的经济效果，不断增加经济效益。概括地说，合理农业布局，就是要综合考虑经济效益、生态效益、社会效益和资源效益，并且做到因地制宜、各有侧重。

合理的农业布局要求农业各部门和作物尽可能分布在条件最优越的地区，而每个地区内的农业各部门又保持着合理的比例，能有机结合，相互促进，协调发展。

农业布局研究的内容包括：

（1）农业生产条件评价。着重分析、评价农业生产条件对农业布局的影响。

（2）农业部门布局。又称"条条布局"。在分析农业现状的基础上，确定农业各部门的发展方向、规模、水平、分布与增产途径。

（3）区域农业总体布局。又称"块块布局"。以地区为基本单位，确定区内农业主导部门和次要部门，建立合理的农业部门结构体系，实现农业生产的区域化和专业化。

四、我国农业区划及布局案例

从种植业分区来说，江西属于我国长江中下游稻、棉、油、桑、果、茶区。地处北亚热带和中亚热带，气候温暖湿润，无霜期210~280天，年降水量800~1 600 mm，>10 ℃积温4 500~5 600 ℃。是集约化水平高、多熟种植、经济作物单产和商品率高的区域。

（一）水稻优势区域布局

《全国优势农产品区域布局规划（2008—2015 年）》对我国优势农产品确定了 16 个优势品种区域布局与发展重点。以水稻为例。

1. 存在问题

我国水稻已连续 4 年持续增产，目前产需基本平衡，但结构性矛盾突出。未来稻米消费将呈增长趋势，受比较效益低、"双改单"趋势明显、水田面积减少以及机械化水平低、良种良法不配套等因素制约，播种面积增加有限，单产提高难度较大，稳定供给压力将长期存在。

2. 区域布局

以自然生态环境、品种类型与栽培制度为基础，结合行政区划，着力建设东北平原、长江流域和东南沿海 3 个优势区。其中，东北平原水稻优势区主要位于三江平原、松嫩平原、辽河平原，主要包括黑龙江、吉林、辽宁 3 个省的 82 个重点县，着力发展优质粳稻；长江流域水稻优势区主要位于四川盆地、云贵高原丘陵平坝地区、洞庭湖平原、江汉平原、河南南部地区、鄱阳湖平原、沿淮和沿江平原与丘陵地区，主要包括四川、重庆、云南、贵州、湖南、湖北、河南、安徽、江西、江苏 10 个省（直辖市）的 449 个重点县，着力稳定双季稻面积，逐步扩大江淮粳稻生产，提高单季稻产量水平；东南沿海水稻优势区主要位于杭嘉湖平原、闽江流域、珠江三角洲、潮汕平原、广西及海南的平原地区，主要包括上海、浙江、福建、广东、广西、海南 6 个省（自治区、直辖市）的 208 个重点县，稳定水稻面积，着力发展优质高档籼稻。

3. 主攻方向

立足国内生产，满足消费需求，稳步发展粳稻，大力发展优质稻，不断优化品种和品质结构，提升产业发展水平。一是稳定和扩大种植面积，加强稻田保护，稳定和增加双季稻生产；二是加强优质水稻品种选育与推广，规范发展轻简栽培技术，加大病虫害综合防治力度，加快全程机械化进程，提高水稻单产和品质；三是加强大中型骨干水利工程和田间配套设施建设，增强防灾减灾能力，稳定提升生产能力；四是扶持龙头企业，加快优势区域稻米产业化步伐，打造世界稻米名优品牌，提高经济效益。

4. 发展目标

到 2015 年，优势区水稻面积稳定在 4.4 亿亩左右，占全国的 98%；产量占全国的比重达到 99%。优质率达到 80%，比 2007 年提高 8 个百分点。绿色、有机认证基地面积分别达到 5 000 万亩、500 万亩。发展水稻订单种植 1 亿亩以上，培育国家级稻米精品名牌 20 个左右。

（二）江西"南橘北梨中柚"，现代农业成"片"生长

2013 年 8 月 5 日大江网讯，"南橘"（主要包括赣州、抚州、吉安、新余、宜春等地）橘园总面积 410 万亩、占全省 87%，年产柑橘约 290 万 t，占全省 86%；"北梨"（主要包括九江、景德镇、上饶、鹰潭等地）梨园面积 32 万亩、占全省 79%，年产梨约 10 万 t，占全省 71%；"中柚"（主要包括吉安、抚州、新余、萍乡、宜春、南昌等地）柚园总面积 20 万亩、占全省的 51%，年产柚约 3 500 t，占全省 57%。

1. 赣州被誉为"世界橙乡"

赣南脐橙，江西省赣州市特产，中国国家地理标志产品，2017 年，赣南脐橙列入中欧"100+100"互认保护名单。2019 年 11 月 15 日，入选中国农业品牌目录。2019 年，全市柑橘种植面积 214 万亩、产量 154 万 t，其中脐橙种植面积 163 万亩、产量 125 万 t。2020 年，全市脐橙种植面积 170 万亩、产量 138 万 t，种植面积世界第一、产量世界第三。赣南脐橙作为中国区域公用品牌水果界的标杆，2021 年以 681.85 亿元品牌价值位列全国区域品牌（地理标志产品）第六位、水果类第一。

赣州的山地以第四纪红壤为主，兼有少量紫色土和山地黄壤，土层深厚，稍加改造就可以建成高标准的脐橙果园。具有良好的土壤条件，红壤土具有土层深厚，土质偏酸，有机质含量较低的特点，适合脐橙生长。大量的浅丘坡地，为赣州发展规模化鲜食脐橙基地提供了条件。此外，赣州地区地形以山地、丘陵为主，占总面积的 80.98%，丘陵区多为千枚岩风化物母质发育的红壤土，土层深厚达 1 m 多深，疏松透气，土中更含多种微量稀土元素，而稀土对果实色素的形成，提高糖分、维生素 C 和香气的含量，提高脆爽度和耐贮藏性等方面，起到了其他矿物质营养元素不能替代的作用。

赣州属典型的亚热带湿润季风气候，春早、夏长、秋短、冬暖，四季

分明，雨量充沛，光照充足，无霜期长，9—11月昼夜温差大，雨热同季，极利脐橙栽植。且春季多雨，温暖湿润，有利脐橙生长开花结果；秋冬晴朗、干燥少雨，昼夜温差大，极利脐橙果实糖分积累，具有脐橙种植的气候条件。

2. 赣北早熟梨

早熟梨的种植需具备光照充足、坡度平缓、避风的气候地理条件。早熟梨生长发育要求年均温在15~23 ℃，−20 ℃以下梨树易受冻害。开花时要求10 ℃以上，以14~15 ℃最宜，15 ℃以上的气温连续3~5 d，即可完成开花。梨是喜光的阳性树种，年需日照时数为1 600~1 700 h。在我国华东及其以南地区，一般年日照时数在1 700~2 300 h，完全可满足南方早熟梨生长结果对光照的需要。

南方早熟梨对土壤质地要求不严，不论是在山地、滩地和砂地，还是在红黄壤地，甚至盐碱地，都可正常生长结果。但还是以在土层深厚、质地疏松、透水保水性好、地下水位较低的砂质壤土中栽植较为适宜。对土壤酸碱度，其适宜的pH值为5.4~8.5，而以5.6~7.2最为适宜。大多数早熟梨品种较耐瘠薄。长江流域及其以南地区的红壤、丘陵和山地呈微酸性，虽不肥沃，但可通过改土提高肥力。选择这样的土壤建立南方早熟梨园，既可美化环境，又可使农民脱贫致富。

绿色无公害果园一般要求选择周边3 000 m以内无废水、废气、废渣污染的山坡地，最好距公路100 m以外。施肥以有机肥料为主，如绿肥、山青野草、稻草等。每年冬季要彻底清除果园所有枯枝、落叶、病虫果，以防病虫害滋生。2017年整个赣北地区（赣东北、赣北和赣西北）早熟梨种植总面积近100万亩，产品畅销上海、广东等沿海地区，为果农带来实实在在的经济效益。

3. 井冈蜜柚，吉安地方良种"井冈山"品牌甜柚

柚树生长发育要求的生态因素可分为两类，即气候因素与土壤因素。气候因素包括温度、日照、湿度等，土壤因素包括土壤的理化特性、土壤含水量、pH值、壤微生物等。

柚喜温暖、忌霜冻，根据我国柚主产区的气温条件来看，年均温度16.6~21.3 ℃，大于或等于10 ℃的年积温5 267~7 422 ℃，绝对低温多在

−3 ℃以下。不同品种对温度要求不同，如沙田柚品质表现最佳的是在中亚热带地区，年均温度 18~20 ℃，大于 10 ℃年积温 5 800~6 500 ℃，这是沙田柚生态的最适宜区。柚在柑橘中是较耐阴的。但要优质高产，仍然需要较好的光照条件。光照充足，叶色浓绿，光合产物积累多，果实糖多酸少，增进果实品质和耐贮性，并能减少病害。如遮光减少日照，会使果实品质显著变劣。

柚对土壤的适应性很广。我国柚树有的种于溪河两岸的冲积洲地，有的种于红壤丘陵山地，也有种于紫色土，甚至还有在改良过的海涂上种柚，土壤 pH 值 4.8~8.5，均可正常生长结果。但柚树高大、根系较深，要使其高产优质，必须要求土层深厚，土质疏松、肥沃，土层深度要在 1 m 以上，地下水位低，土壤排水透气性强，并且富含有机质，肥沃度高，pH 值以 5.5~7.5 为宜。果园地势坡度低于 25°。园地规划时，应有必要的道路、排灌、蓄水和附属建筑设施。在具体规划时，尽可能做到集中成片，在交通、水源条件好的地方建园。

地处典型中亚热带湿润季风区的吉安井冈山周边，雨量充沛，无霜期长，适宜绝大部分柑橘类果树的栽培。吉安市 8 个蜜柚产业发展重点县有吉水、泰和、吉安县、永新、万安、安福、遂川、青原区等，目前有金沙柚、金兰柚和桃溪蜜柚 3 个主导品种。截至 2018 年底，吉安市井冈蜜柚种植总面积为 38.5 万亩，投产面积 10 万亩，产量 5 万 t，蜜柚栽培面积位居江西省第一。目前产业发展已经帮扶带动 5.56 万户贫困户种植井冈蜜柚面积 8.05 万亩，井冈蜜柚已成为革命老区脱贫致富的"摇钱树"。

五、我国农业区划体系及农业布局的借鉴与启示

农业区划是从宏观和综合的角度，以资源调查评价为基础，以划分农业区域为对象，以综合分析为手段，以求取资源利用最大效益为目的，为国家发展国民经济宏观决策提供方案。主要研究内容包括 5 个方面：农业资源调查、动态监测和综合评价；农业区域划分；农业区域合理布局与综合规划；农业区域综合开发的前期论证与综合评估；农业区域开发实验区的组织与指导，为我国合理利用农业资源、发挥区域经济优势、调整农业生产结构、应用农业新技术改造和农业农村现代化的远景规划与发展提供科

学依据。从不同农业地区区划和各个层级农业产业布局的经验来看，值得借鉴的启示如下。

1. 顺应时代发展要求，中央科学决策

中央始终对农业高度重视，2004—2023 年连续 20 年发布以"三农"（农业、农村、农民）为主题的中央一号文件，强调了"三农"问题在全面建设社会主义现代化国家时期"重中之重"的地位，保持了中央政策的连续性。

在"十三五"规划时，认为该时期仍是处于我国农业现代化建设补齐短板、大有作为的重要战略机遇期，强调必须紧紧围绕全面建成小康社会的目标要求，遵循农业现代化发展规律，加快发展动力升级、发展方式转变、发展结构优化，推动农业现代化与新型工业化、信息化、城镇化同步发展。坚持优产能调结构协调兼顾。以保障国家粮食安全为底线，更加注重提高农业综合生产能力，更加注重调整优化农业结构，提升供给体系质量和效率，加快形成数量平衡、结构合理、品质优良的有效供给。

"十四五"时期是加快农业农村现代化的重要战略机遇期，强调必须加强前瞻性思考、全局性谋划、战略性布局、整体性推进，以更高的站位、更大的力度、更实的举措，书写好中华民族伟大复兴的"三农"新篇章。坚持农业农村优先发展。强化政策供给，在资金投入、要素配置、基本公共服务、人才配备等方面优先保障农业农村发展，加快补上农业农村短板。通过加快农业结构调整和农业产业化进程，优化农业产业布局，促进农产品优质高效供给，增强市场竞争力。

2. 因地制宜，发挥区域资源优势

不管进行哪一种类型的区划，以综合分析为手段，充分发挥各种资源的潜力，求取资源利用最大效益为目的，是最为经济而有效的。我国资源类型多种多样，包括自然资源和社会资源。发挥区域优势，需要发挥劳动人民的智慧，尊重劳动人民的首创精神，鼓励他们要敢闯敢拼，幸福是奋斗出来的。从江西"南橘北梨中柚"农业布局的蓬勃发展来看，就是充分发挥了江西的"六山一水两分田"的土壤资源、南北各异的气候资源和勤劳的人力资源优势的结果。也是江西提出的"在山上再造一个江西"规划决策的结果。

3. 打造乡村的"一村一品"，发展地方特色产业

在某一局部地区的产业结构和布局调整中，发展"一村一品"特色产业应运而生。"一村一品"是指在一定区域范围内，以村为基本单位，按照国内外市场需求，充分发挥本地资源优势，通过大力推进规模化、标准化、品牌化和市场化建设，使一个村（或几个村）拥有一个（或几个）市场潜力大、区域特色明显、附加值高的主导产品和产业。发展"一村一品"是提高农产品附加值、拓宽农民增收渠道的重要举措，也是推动农业产业现代化和乡村振兴的重要途径。"一村一品"是调整农业产业结构、发展现代农业产业、促进乡村振兴的关键举措。截至 2023 年初，农业农村部已公布了 12 批全国"一村一品"示范村镇名单。我国"一村一品"示范村镇累计达到 4 068 个。

4. 提高质量和知名度，发挥品牌优势

品牌是指消费者对某类产品及产品系列的认知程度。品牌的功能、质量和价值是品牌的用户价值要素，即品牌的内在三要素；品牌的知名度、美誉度和忠诚度是品牌的自我价值要素，即品牌的外在三要素。必须提高产品质量和服务，提升品牌的知名度、美誉度和忠诚度。如"赣南脐橙"，作为中国区域公用品牌水果界的标杆，2021 年以 681.85 亿元品牌价值位列全国区域品牌（地理标志产品）第六、水果类第一。

5. 全国"一盘棋"通盘考虑，促进区域协调发展

科学合理区划和布局是为了更加和谐和更高质量发展。2022 年 10 月 16 日，习近平总书记在党的二十大报告中明确提出要深入实施区域协调发展战略、区域重大战略、主体功能区战略、新型城镇化战略，优化重大生产力布局，构建优势互补、高质量发展的区域经济布局和国土空间体系。推动西部大开发形成新格局，推动东北全面振兴取得新突破，促进中部地区加快崛起，鼓励东部地区加快推进现代化。各地区及其产业协调发展，从而促进整体高质量发展。

6. 低碳环保，加快发展方式绿色转型

人们在享受着现代科技所带来的方便的同时，洪水泛滥、山体滑坡、水土流失、大气污染、水资源缺乏、全球变暖等，给了人们当头一棒。全球生态危机正在向人类迫近，注重环保已是大势所趋。党的二十

大报告提出，我们要推动绿色发展，促进人与自然和谐共生。大自然是人类赖以生存发展的基本条件。尊重自然、顺应自然、保护自然，是全面建设社会主义现代化国家的内在要求。必须牢固树立和践行绿水青山就是金山银山的理念，站在人与自然和谐共生的高度谋划发展。我们要推进美丽中国建设，坚持山水林田湖草沙一体化保护和系统治理，统筹产业结构调整、污染治理、生态保护、应对气候变化，协同推进降碳、减污、扩绿、增长，推进生态优先、节约集约、绿色低碳发展为农业区划与布局指明了方向。

7. "互联网+农业"，做大做强农业产业

"互联网+农业"是充分利用移动互联网、大数据、云计算、物联网等新一代信息技术与农业的跨界融合，创新基于互联网平台的现代农业新产品、新模式与新业态。"互联网+"通过其自身的优势，对传统行业进行优化升级转型，使传统行业能够适应当下的新发展，从而最终推动社会不断地向前发展。党的二十大报告提出全面推进乡村振兴。加快建设农业强国，扎实推动乡村产业、人才、文化、生态、组织振兴。需要强化农业科技和装备支撑，通过各种物联网技术和数据采集系统，将互联网技术和农业紧密结合，实现农业的数字化、智能化、精准化管理，提高农业生产效率和质量。如"赣南脐橙链"基于先进的区块链技术，从源头上保护消费者权益，有效提振品牌影响力，保障区域公用品牌的良性发展模式、制度和方法，有效推动中国农产品的品牌化进程。"互联网+"为农村带来了前所未有的机遇和发展空间。"互联网+"技术的加入，也为农业产业区划与合理布局提供了新的技术支持。

8. 发展生态高值农业，促进农业可持续发展

生态高值农业是指集约化经营与生态化生产有机结合的现代农业，以健康消费需求为导向，以提高农业市场为竞争力和持续发展能力为核心，兼有高产出、高效益与可持续发展的双重特性，是转变农业增长方式，提高农业生产能力的集中表现。生态高值农业是包括生态农业及环境，农产品的高产、高质、高效及科技、市场、产业经济价值（包括农业的一、二、三产业的产值）相结合的总概念，是现代农业可持续发展的总体方向，是农业区划及布局的出发点和落脚点。

9. 因时而异，适时调整

时间是一切事物运动发展变化的必要条件，事物总是处在运动变化之中。尤其是在科技发展日新月异的时代，常会让人觉得计划赶不上变化。我国农业区划及农业布局也是如此，农业区划只有不断地更新，农业布局适时调整，才能不断满足农业经济安全稳定发展所需。所以在建设农业现代化强国的规划时，农业产业结构及布局适时调整是不可或缺的内容。

参考文献

陈兵，李晓晨，2022. 从"偷着烧"到"争着交"——江苏省泰州市姜堰区张甸镇
　　油菜秸秆综合利用观察［J］. 当代农机（8）：8-9.

陈尚平，刘佳丽. 赣州脐橙种植面积世界第一［EB/OL］. 中华合作时报网（2008-
　　10-24）［2023-12-01］. http://www.zh-hz.com/HTML/2008/10/24/86169.html.

陈世宝，李娜，王萌，等，2010. 利用磷进行铅污染土壤原位修复中需考虑的几个
　　问题［J］. 中国生态农业学报，18（1）：203-209.

陈巍，陈邦本，沈其荣，2000. 滨海盐土脱盐过程中 pH 变化及碱化问题研究［J］.
　　土壤学报，37（4）：521-528.

成艳红，黄欠如，叶川，等，2014. 江西红壤旱地秸秆全程覆盖技术提升研究［Z］.
　　江西红壤研究所.

程冬兵，张平仓，杨洁，2012. 红壤坡地覆盖与敷盖径流调控特征研究［J］. 长江
　　科学院院报，29（1）：30-34.

范帆，2018. 江西：计划到 2020 年秸秆综合利用率达 90% 以上［J］. 中国农机监理
　　（9）：43.

范世才，方晰，王振鹏，等，2021. 植被恢复过程土壤基质改良对湘南紫色土抗蚀
　　性的影响［J］. 水土保持学报，35（6）：22-30.

赣州市果业局. 赣南脐橙产业发展情况 2020 年［EB/OL］.（2020-06-18）［2023-
　　12-01］. https://www.xforange.com/chanye/3328.html.

高树琴，王竑晟，段瑞，等，2020. 关于加大在中低产田发展草牧业的思考［J］.
　　中国科学院院刊，35（2）：166-174.

龚子同，2014. 中国土壤地理［M］. 北京：科学出版社.

龚子同，黄荣金，张甘霖，2014. 中国土壤地理［M］. 北京：科学出版社.

龚子同，张甘霖，陈志诚，等，2007. 土壤发生与系统分类［M］. 北京：科学出

版社.

龚子同, 张甘霖, 骆国保, 1999. 世纪之交对土壤基层分类的回顾和展望 [J]. 土壤通报, 30 (S1): 5-9.

海春兴, 陈健飞, 2015. 土壤地理学 [M]. 北京: 科学出版社.

贺灿, 2014. 鄱阳湖区土地沙化面积占全省"沙漠"一半 [N]. 江西晨报 (B07).

贺志明, 聂秋生, 曾辉, 2008. 鄱阳湖区风能资源数值模拟 [J]. 江西农业大学学报, 30 (1): 169-173.

胡红青, 黄益宗, 黄巧云, 等, 2017. 农田土壤重金属污染化学钝化修复研究进展 [J]. 植物营养与肥料学报, 23 (6): 1676-1685.

胡利娟, 2022. 我国林草科技十大进展揭晓 [N]. 科技日报.

胡振鹏, 王晓鸿, 鄢帮有, 等, 2013. 鄱阳湖区退化生态系统修复关键技术及应用 [Z]. 南昌: 南昌大学.

胡钟东, 胡正月, 2003. 南方早熟梨优质丰产栽培 [M]. 北京: 金盾出版社.

黄昌勇, 2007. 土壤学 [M]. 北京: 中国农业出版社.

贾丁桦, 2023. 化肥减量增效在乡镇实践中的困境与出路——基于三峡库区 L 镇的调研 [J]. 南方论坛, 9: 41-44.

姜冠杰, 何小林, 刘敏, 等, 2021. 江西省主要土地利用方式下土壤酸化现状探究 [J]. 江西农业学报, 33 (5): 46-55.

姜冠杰, 胡红青, 张峻清, 等, 2012. 草酸活化磷矿粉对砖红壤中外源铅的钝化效果 [J]. 农业工程学报, 28 (24): 205-213.

蒋周德, 2023. 评论丨因势利导做强做优"一村一品" [EB/OL]. 自贡网 (2023-05-17) [2023-12-01]. https://dp.zgm.cn/show/14692.

李建维, 陈一民, 郑利远, 等, 2014. 土壤分类的发展与方向 [J]. 土壤与作物, 3 (4): 146-150.

李诗彪, 2017. 提早上市一个月, 看德安早熟梨 [N]. 农民日报.

李小聪, 徐柳平, 2014. 鄱阳湖沙化土地超 3.8 万公顷 [N]. 江西晨报 (A06).

李志杰, 王文国, 付桂明, 2016. 农作物秸秆综合利用实践、存在问题与发展建议 [J]. 河北农机 (6): 12-13.

梁新强, 杨姣, 何霜, 等, 2021. 关于长江三角洲地区推进稻田退水零直排工程建设的建议 [J]. 中国科学院院刊, 36 (7): 814-822.

刘莉, 李倩, 黄成, 等, 2019. 生物质炭和石灰对酸化紫色土的改良效果 [J]. 环境科学与技术, 42 (12): 173-179.

刘青山，夏宏宪，2010. 东方红林业局宜林水湿地改良试验的分析［J］. 中国林副特产（2）：42-43.

刘清池，2023. 让"正青春"与"强农梦"撞个满怀［EB/OL］. 共产党员网先锋文汇（2023-05-22）［2023-12-01］. https：//tougao. 12371. cn/wenhui. php.

刘星辉，2001. 柚子高效栽培［M］. 福州：福建科学技术出版社.

刘永红，冯磊，胡红青，等，2013. 磷矿粉和活化磷矿粉修复 Cu 污染土壤［J］. 农业工程学报，29（11）：186-186.

陆璐，童玲，宋心怡，2023. 减量增效，一场势不可挡的农资绿色革命. 中华合作时报（A07）.

吕金岭，李太魁，寇长林，2021. 生物质炭和微生物菌肥对酸化黄褐土农田土壤改良及玉米生长的影响［J］. 河南农业科学，50（6）：61-69.

罗为群，蒋忠诚，邓艳等，2008. 石灰土改良试验及其岩溶作用响应研究. 中国岩溶，27（3）：221-227.

马蕊. 中低产田地改造：让云南明天的耕地更给力［EB/OL］. 中华工商时报（2010-12-23）［2024-12-01］. https：//finance. sina. com. cn/roll/20101223/00043559409. shtml.

农业农村部市场与信息化司，2019. 中国农业品牌目录 2019 农产品区域公用品牌发布［EB/OL］. （2019-11-18）［2023-12-01］. http：//www. scs. moa. gov. cn/gzdt/201911/t20191118_6331977. htm.

潘剑君，2004. 土壤资源调查与评价［M］. 北京：中国农业出版社.

乔金亮，2014. "累"瘦的耕地怎样肥起来［N/OL］. 经济日报（2014-12-19）［2023-12-01］. http：//paper. ce. cn/jjrb/html/2014-12/19/content_225680. htm.

秋收｜巍巍井冈，蜜柚成林［Z/OL］. 方志江西微信公众号，2020.09.24.

全国农业资源区划办公室，中国农业资源与区划学会，中国农业科学院农业资源与农业区划研究所，2011. 中国农业资源区划 30 年［M］. 北京：中国农业科学技术出版社.

全国土壤普查办公室，1998. 中国土壤［M］. 北京：中国农业出版社.

饶本春，1995. 在山上再造一个江西［J］. 企业经济（5）：37-39.

田杰雄，2022. 2022—2022 年中央一号文件发布 连续十九年聚焦"三农"［N］. 新京报.

王春婷，王琨，何顺圆，等，2023. 生物炭在微咸水-淡水轮灌下对土壤含水量与含盐量的影响［J］. 南方论坛，4：30-33.

王杰，魏中胤，祝明霞，等，2017. 鄱阳湖沙岭沙山成因及发展对策［J］. 绿色科技（10）：187-192.

王静，2015. 一八三团农作物水肥运筹改良措施［J］. 新疆农垦科技，3：59-60.

王君荣，2007. 农作物秸秆综合利用技术［M］. 北京：中国农业大学出版社.

魏赛金，黄国强，倪国荣，等，2016. 稻草还田配施腐解菌剂对水稻土壤微生物的影响［J］. 核农学报，30（10）：2026-2032.

习近平，2022. 高举中国特色社会主义伟大旗帜 为全面建设社会主义现代化国家而团结奋斗——在中国共产党第二十次全国代表大会上的报告［N］. 新华社.

谢光辉，韩东倩，王晓玉，等，2011. 中国禾谷类大田作物收获指数和秸秆系数［J］. 中国农业大学学报，16（1）：1-8.

谢金泉，阙春生，杜正志，等，2021. 江西省农作物秸秆综合利用现状与建议［J］. 南方农机，52（18）：29-31.

谢伟，王喜龙，朱柏州，等，2021. 赣南脐橙：溯源保真 提质增效［J］. 农产品市场（14）：19-23.

熊毅，李庆逵，1987. 中国土壤［M］. 2 版. 北京：科学出版社.

徐建明，2019. 土壤学［M］. 4 版. 北京：中国农业出版社.

徐明岗，张文菊，黄绍敏，等，2015. 中国土壤肥力演变［M］. 2 版. 北京：中国农业科学技术出版社.

徐鹏程，冷翔鹏，刘更森，等，2014. 盐碱土改良利用研究进展［J］. 江苏农业科学，42（5）：293-298.

严卫华，赛晶，胡清，2023. 宁乡市化肥减量增效工作的思考［J］. 湖南农业（4）：30-31.

央广网，2016. "一村一品"落地十年，看看我们都总结了哪些独家赚钱秘笈［EB/OL］.（2016-04-20）［2023-12-01］. https：//country. cnr. cn/gundong/20160420/t20160420_521927140. shtml.

央视网，2023. 我国"一村一品"示范村镇累计达到4068个［EB/OL］.（2023-01-29）［2023-12-01］. https：//news. cctv. com/2023/01/29/ARTIj7Fuw2z9AS3jVxMUAa5e230129. shtml.

央视网，2023. "小碎田"变连片"大田"，江西着力提升中低产田品质［EB/OL］.（2023-02-14）［2023-12-01］. https：//news. cctv. com/2023/02/14/ARTIyqDFA7VqwCl6H5tsj2LB230214. shtml.

杨芳永，1991. 棕钙土冬小麦不同氮磷配比与施肥效益的研究［J］. 新疆农业技术

（4）：16-18.

杨芳永，周广顺，米娜什，等，2007. 氮磷钾肥对冬小麦产量及施肥效益影响的研究 [J]. 新疆农业科学，44（S1）：62-64.

杨改河，2007. 农业资源与区划 [M]. 北京：中国农业出版社.

杨劲松，姚荣江，王相平，等，2022. 中国盐渍土研究：历程、现状与展望 [J]. 土壤学报，59（1）：10-27.

杨林章，吴永红，2018. 农业面源污染防控与水环境保护 [J]. 中国科学院院刊，33（2）：168-176.

姚丽娟，余有本，周天山，等，2009. 陕南茶园黄褐土的改良研究 [J]. 西北农业学报，18（5）：316-320.

易志坚，2016. 沙漠"土壤化"生态恢复理论与实践 [J]. 重庆交通大学学报（自然科学版），35（1）：27-32.

于文静，陈冬书，2023. 2023 年中央一号文件公布提出 做好 2023 年全面推进乡村振兴重点工作 [N/OL]. 新华社，2023-02-13 [2023-12-01]. http：//www. qstheory. cn/yaowen/2023-02/13/c_1129361740. htm.

张凤荣，2016. 土壤地理学 [M]. 2 版. 北京：中国农业出版社.

张甘霖，史舟，朱阿兴，等，2020. 土壤时空变化研究的进展与未来 [J]. 土壤学报，57（5）：1060-1070.

张甘霖，王秋兵，张凤荣，等，2013. 中国土壤系统分类土族和土系划分标准 [J]. 土壤学报，50（4）：826-834.

张甘霖，朱阿兴，史舟，等，2018. 土壤地理学的进展与展望 [J]. 地理科学进展，37（1）：57-65.

张良运，李恋卿，潘根兴，2009. 南方典型产地大米 Cd，Zn，Se 含量变异及其健康风险探讨 [J]. 环境科学，30（9）：2792-2797.

张玲，2009. 农作物秸秆综合利用实用技术 [M]. 成都：西南交通大学出版社.

张履鹏，1989. 农业区划与布局 [M]. 郑州：河南科学技术出版社.

张生田，2011. 增施生物有机肥和改良剂对设施蔬菜土壤次生盐渍化的改良效果研究 [J]. 北方园艺（12）：52-54.

张元光，黄锦祥，2016. 紫色土水土流失区不同治理措施水土保持与土壤改良效果研究 [J]. 农业与技术，36（15）：69-71.

张振中，2023. 江西红壤改良战 [N]. 农民日报（8）.

赵其国，段增强，2013. 生态高值农业：理论与实践 [M]. 北京：科学出版社.

郑林，曹昀，丁明军，等，2015. 鄱阳湖沙化土地生态治理技术研究与示范 [J]. 中国科技成果（16）：60-61.

中国产业研究报告网，2013. 2013—2018 年中国种子市场评估与投资前景分析报告 [EB/OL].（2013-07-31）[2023-12-01] http：//www. chinairr. org/report/R08/R0805/201307/31-139902. html.

中国科学院南京土壤研究所土壤系统分类课题组，中国土壤系统分类课题研究协作组，2001. 中国土壤系统分类检索 [M]. 3 版. 合肥：中国科学技术大学出版社.

中国农业功能区域研究项目组，2011. 中国农业功能区划研究 [M]. 北京：中国农业出版社.

中商产业研究院，2022. 2022 年中国水稻种植区域分析 [EB/OL].（2022-01-05）[2023-12-01]. https：//baijiahao. baidu. com/s？id=1721099602558564383&wfr=spider&for=pc.

朱超，2013. "南桔北梨中柚" 江西现代农业成 "片" 生长 [EB/OL].（2013-08-05）[2023-12-01]. https：//jiangxi. jxnews. com. cn/.

朱伟，杨劲松，姚荣江，等，2021. 黄河三角洲中重度盐渍土棉田水盐运移规律研究 [J]. 土壤，53（4）：817-825.

CAO X D, MA L Q, RHUE D R, et al., 2004. Mechanisms of lead, copper, and zinc retention by phosphate rock [J]. Environmental Pollution, 131：435-444.

CAO X D, MA L Q, SINGH S P, et al., 2008. Phosphate-induced lead immobilization from different lead minerals in soils under varying pH conditions [J]. Environmental Pollution, 152：184-192.

HARTEMINK A E, MCBRATNEY A, 2008. A soil science renaissance [J]. Geoderma, 148（2）：123-129.

JIANG G J, LIU Y H, HUANG L, et al., 2012. Mechanism of lead immobilization by oxalic acid activated phosphate rocks [J]. Journal of Environmental Sciences, 24（5）：919-925.

LIU X, ZHANG S, ZHANG X, et al., 2011. Soil erosion control practices in Northeast China：A mini-review [J]. Soil and Tillage Research, 117：44-48.

SUI Y, OU Y, YAN B, et al., 2016. Assessment of micro-basin tillage as a soil and water conservation practice in the black soil region of Northeast China [J]. PLoS One, 11（3）：e0152313.